XINXING DIANLI XITONGXIA
JIZHONGSHI DITAN QINGJIE GONGRE YU TIAOJIE

新型电力系统下
集中式低碳清洁供热与调节

国网经济技术研究院有限公司　组编

罗家松　徐　彤　田雪沁　编

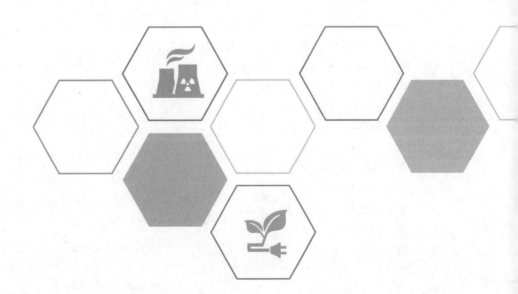

中国电力出版社
CHINA ELECTRIC POWER PRESS

内 容 提 要

热能是全社会能源消费的重要对象，集中式供热是供热的主流形式，我国高度重视集中式低碳清洁供热工作，近年来出台了多项政策，并编写了大量工程技术标准，集中式低碳清洁供热技术快速发展，二氧化碳减排和环境污染治理取得了巨大成就。为帮助业内人士更好地了解集中式低碳清洁供热，特编写此书。

本书共分五章。第一章为概述，主要介绍供热发展形势、低碳清洁供热技术概况及相关标准、低碳清洁供热政策、新型电力系统与低碳清洁供热等。第二章为热负荷，主要介绍热负荷的相关基本概念、热负荷的调查与核实、热负荷的计算、供热用户侧节能技术等。第三章为集中式供热系统调节与供热管网（线），主要论述供热系统和供热管网（线）概况、供热系统运行调节、供热管网和长输管线概况等。第四章为集中式供热热源的热力系统，主要论述基于供热汽轮机的热力系统和基于其他供热热源的热力系统。第五章为集中式供热热源的低碳清洁利用技术，主要介绍燃煤供热、燃气供热、电力供热、新能源供热、工业余热供热等集中式供热热源的低碳清洁利用技术。

本书逻辑清晰，资料新颖，内容丰富，是一部全面介绍集中式低碳清洁供热的作品。

本书可供从事供热、能源的科研、管理、生产的工程技术人员和相关院校的师生参考阅读。

图书在版编目（CIP）数据

新型电力系统下集中式低碳清洁供热与调节/罗家松，徐彤，田雪沁编．—北京：中国电力出版社，2023.12

ISBN 978-7-5198-8131-3

Ⅰ.①新… Ⅱ.①王… ②罗… ③徐… Ⅲ.①集中供热—调节 Ⅳ.①TU995

中国国家版本馆 CIP 数据核字（2023）第 175187 号

出版发行：中国电力出版社

地　　址：北京市东城区北京站西街 19 号（邮政编码 100005）

网　　址：http：//www.cepp.sgcc.com.cn

责任编辑：孙　芳（010—63412381）

责任校对：黄　蓓　常燕昆

装帧设计：赵珊珊

责任印制：吴　迪

印　　刷：三河市航远印刷有限公司

版　　次：2023 年 12 月第一版

印　　次：2023 年 12 月北京第一次印刷

开　　本：787 毫米×1092 毫米　16 开本

印　　张：10

字　　数：225 千字

印　　数：0001—1000 册

定　　价：65.00 元

前　言

当前，能源电力行业普遍关注新型电力系统及碳达峰碳中和目标，集中式供热系统及调节与新型电力系统、碳达峰碳中和密切相关，已经成为行业热点问题。本书总结了作者所在机构的研究成果，分析讨论了集中式供热热负荷、供热管网（线）、热源热力系统的调度运行方式、集中式低碳清洁供热的节能减排量，论述了热计量及智慧供热、长输管线和大温差供热，以及清洁燃煤和燃气供热、电力供热、新能源供热、工业余热供热等低碳清洁供热技术的技术特点。

本书从动笔到出版断断续续有 6 年时间，其中第二章、第三章很多内容，由原北京水利电力经济研究所热化室第一任主任范季贤先生执笔。范老在 2015—2016 年间，总结自己对供热的理解，撰写了关于热负荷和供热调节计算的很多内容，更是以 90 岁高龄将手稿一点点打字成电子版，包括许多很难编辑的公式。从这个意义上看，这本书写了不止 6 年。范老的这些内容，考虑出版的需要，进行了很多删减，但是范老的稿件一直就放在我的书柜中，每每抬眼望到，总记起范老临终前告诉我将其付梓的嘱咐，今天算是完成了一项任务。

说到热化室，目前年轻一点的从业者已经难以理解其含义，它从苏联供热研究有关概念中翻译而来，意为供热与发电联合生产，但是与热电联产概念稍有差异，偏向供热研究。当年范季贤、王振铭先生从华北局奉调水电所组建热化室，在原电力部计划司指导下开展热电联产技术经济研究，后来原良乡电建所的张培基先生也调入热化室，带来马芳礼先生的循环函数理论，共同构建了那个时代热电机组变负荷工况下技术经济分析的标准，指导了当年热电联产的建设运行，范季贤团队因此获得原电力工业部科技进步奖，为国家经济社会发展做出了巨大贡献。

随后的工作中，我们对燃气热电联产、火电灵活性改造的技术经济性持续分析研究，构建考虑热电调节、储能配置的基于新能源消纳的电力系统生产模拟模型，徐彤团队的相关研究于 2015、2019 年分获国家电网有限公司科技进步奖，算是向带我们入门的前辈交了一份尚可的答卷。

本书关于新型电力系统下集中式低碳清洁供热与调节的分析研究，具有全面性、广泛性和包容性，能够为用电能效与综合能源领域相关研究和工程建设运维提供技术支撑。本书可供从事供热、能源工程的科研、管理、生产的研究人员、大中专院校师生、技术人员阅读参考。

由于作者的理论水平和实践经验有限，书中不妥之处在所难免，恳请读者批评指正。

编著者

于北京未来科学城国家电网有限公司园区

2023 年 12 月

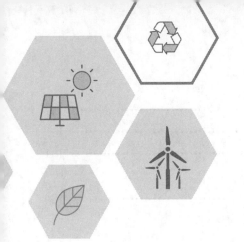

目　录

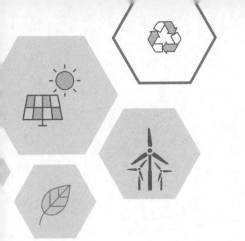

第一章

概　述

本章主要介绍我国供热发展形势、技术及政策，作为其他各章分析和计算的背景。

第一节　供热发展形势

一、供热系统发展简史

自从学会使用火，人类建设供热系统的历史就开始了，人们长期采用燃烧生物质、煤炭的火炉、火炕分散供热。

集中式供热的历史则较短。14 世纪在法国绍代艾盖县城运行的一套热水供热系统被认为是世界上第一套集中式供热系统，该套系统以地热作为热源，可同时满足 30 间房屋的供热需求。因能源利用效率和可靠性较高，污染物排放容易集中处理，数百年来集中式供热一直蓬勃发展，在人口密集区域逐步替代能耗较高、污染物排放量较大的传统分散供热。集中式供热技术也从燃煤锅炉房发展到热电联产，再到热电冷联产，逐步发展与完善。

丹麦、瑞典等北欧学者提出了四代集中式供热（区域供热）技术体系，如图 1-1 所示。

第一代集中式供热系统大体流行于 1880—1930 年，为蒸汽供热系统，供汽温度为 200℃；管网采用水泥管道，布置简单；仅采用燃煤供热，热源单一。

第二代集中式供热系统流行于 1930—1980 年，为高温热水系统，供水温度超过 100℃；管网扩大；燃料采用煤炭、天然气，部分地区可热电联产，调峰采用燃油供热。

1980 年至今主要流行第三代集中式供热系统，供热系统供水温度在 100℃以下，供热规模继续扩大。在第二代基础上增加预制保温管，引入计量和监控系统；除煤炭和天然气外，利用生物质燃料、工业余热获得热量；出现跨地区大型热力企业。

未来的第四代集中式供热系统为低温区域供热系统，供水温度在 50~60℃。完全摒弃化石燃料，充分利用太阳能、地热能、风能、生物质能等可再生能源，规模化采用季节性储热、中央热泵、低能耗建筑等新技术，构建分布式智能化能源网。从热力公司向用户的单向供热转为根据用户需求的双向互动选择。

第四代集中式供热的重点是能源效率、灵活性及所有可用的可再生能源、余热资源的综合集成。供水温度更低，有利于提高能源利用效率；更好地利用工业余热和储热，

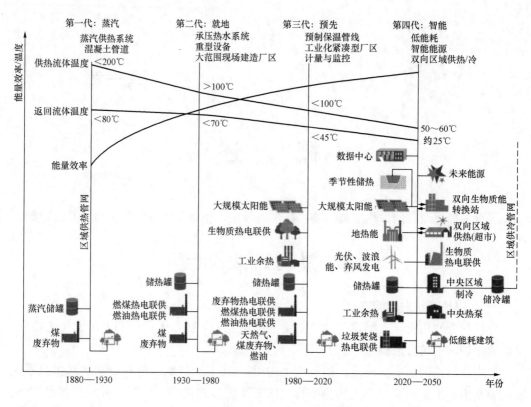

图 1-1　集中式供热技术发展历程

在经济上也更合理；未来建筑将更节能，将降低单位建筑面积的热需求，低温高效的集中式供热系统将扮演越来越重要的角色。

在集中式供热蓬勃发展的同时，在不具备集中式供热条件的地方，天然气壁挂炉、电暖器、热泵、太阳能热水器等清洁、低碳的分散式供热新技术和设备也逐步得到推广。

二、我国供热系统发展状况

（一）我国供热需求和发展规模

1. 建筑供热需求和规模

我国建筑气候区域包括严寒地区、寒冷地区、夏热冬冷地区、夏热冬暖地区、温和地区等，其中，严寒地区、寒冷地区冬季室外温度低，持续时间长，供热已成为这些地区居民冬季生活的刚性需求，包括东北、华北、西北等地，涉及我国 15 个省、自治区和直辖市，供热建筑面积大，供热需求规模惊人。

根据国家统计局、清洁供热产业委员会等单位数据显示，2020 年我国总建筑面积约为 $650 \times 10^8 \, m^2$，北方地区建筑供热面积约为 $218 \times 10^8 \, m^2$，供暖耗热量约为 $60 \times 10^8 \, GJ$，对应每年碳排量约为 $7 \times 10^8 \, t$，约占全国碳排放总量的 7%。其中，城市集中式供热面积达 $98.82 \times 10^8 \, m^2$（相应供热总量约为 $410\,058 \times 10^4 \, GJ$，其中蒸汽供热总量为 $65\,054 \times 10^4 \, GJ$，热水供热总量为 $345\,004 \times 10^4 \, GJ$），县城集中式供热面积达 $18.57 \times$

$10^8\,\mathrm{m}^2$，建制镇、乡、镇乡级特殊区域集中式供热面积约为 $5.27\times10^8\,\mathrm{m}^2$，农村供热面积超过 $70\times10^8\,\mathrm{m}^2$。

2021 年，我国北方城镇建筑供暖面积为 $147\times10^8\,\mathrm{m}^2$（含城市供热面积 $106.03\times10^8\,\mathrm{m}^2$），其中居住建筑面积为 $108\times10^8\,\mathrm{m}^2$ 左右，节能及非节能建筑各占 50% 左右，北方城镇供暖建筑耗热量为 $50\times10^8\,\mathrm{GJ}$，平均耗热量为 $0.34\,\mathrm{GJ/m^2}$。根据住房城乡建设部发布《2021 年中国城市建设状况公报》，2021 年各省（区、市）和新疆生产建设兵团城市集中式供热面积如表 1-1 所示。

表 1-1 　　2021 年全国各省（区、市）和新疆生产建设兵团城市集中式供热面积

省份	城市集中式供热面积（$\times10^8$，m^2）	省份	城市集中式供热面积（$\times10^8$，m^2）
山东	17.29	甘肃	2.84
辽宁	14.05	宁夏	1.51
河北	9.67	青海	1.04
黑龙江	8.58	新疆生产建设兵团	0.54
山西	7.78	江苏	0.30
吉林	7.22	安徽	0.26
北京	6.84	湖北	0.20
内蒙古	6.49	西藏	0.02
河南	6.40	贵州	0.02
天津	5.67	云南	0.01
陕西	4.93	四川	0.00
新疆	4.40	其他	0

截至 2022 年底，我国北方地区供热总面积为 $238\times10^8\,\mathrm{m}^2$（城镇供热面积为 $167\times10^8\,\mathrm{m}^2$，农村供热面积为 $71\times10^8\,\mathrm{m}^2$），其中，清洁供热面积为 $179\times10^8\,\mathrm{m}^2$，清洁供热率为 75%。

未来，我国北方城镇建筑冬季供暖面积还将继续扩大，预计到 2035 年将达到 $200\times10^8\,\mathrm{m}^2$ 左右。

2. 工业供热需求和规模

工业热用户主要为石化、纺织等企业，通常用于工业生产工艺过程中的加热、加湿、灭菌等，还可以产生动力驱动设备。

2014 年以来我国工业蒸汽行业消费量有一定的波动性，但总体呈上升趋势，大致在 $4\times10^8\sim5\times10^8\,\mathrm{GJ}$，相比供暖耗热量小了一个数量级。

2014—2022 年我国工业蒸汽消费量变化情况如图 1-2 所示。

我国工业企业蒸汽供应的主要方式为集中式供热，一般集中在企业集群区，如化工区、纺织区、高新技术开发区、经济开发区、产业园区等。数据显示，目前我国工业蒸汽市场集中分布于华东、华北、西北和华中地区，2021 年市场规模占比分别为36.19%、19.64%、12.24%、10.76%。

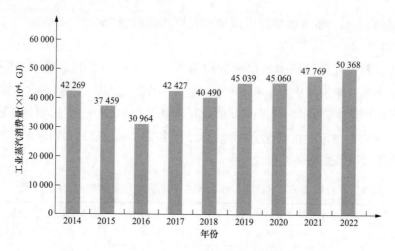

图 1-2　2014—2022 年我国工业蒸汽消费量变化情况

（二）我国供热热源结构

1. 建筑供热热源结构

中国城镇供热协会对部分供热企业的调查统计数据显示，2020 年，北方城镇建筑供热热源中的燃煤热电联产约占 55.6%，燃气热电联产约占 5.9%，燃煤锅炉约占 17.9%，燃气锅炉约占 18.4%，电供暖（包括直接电热供暖和热泵供暖）、工业余热等其他热源占比 2.2%。相比 2019 年，热电联产供热量占比上升 3 个百分点，燃煤锅炉供热占比下降 1.4 个百分点，燃气锅炉占比下降 1.6 个百分点，显示了在清洁取暖政策推动下北方城镇供热的热源结构正逐步优化。

2021 年北方城镇建筑供热热量中约有 35% 由各种规模的燃煤、燃气锅炉提供，60% 则由热电联产电厂提供，其余 5% 主要通过热泵满足供热需求。

截至 2022 年底，在北方城镇建筑供热热源中，燃煤占比约为 70%，燃气占比为 24%，以地热、生物质供热为代表的可再生能源以及余热利用占比很小。在整个北方地区，采暖季二氧化碳年排放量约为 10×10^8 t，占到全国碳排放总量的 10% 左右，供暖碳排放与整个交通行业排放水平相当。

农村供热几乎全部为分布式供暖，供热方式包括生物质户用式供暖炉、燃煤户用式供暖炉、电热泵、电暖气、热风机、户用式燃气壁挂炉、电缆地热等。

2. 工业供热热源结构

目前我国工业蒸汽行业燃料以煤炭、天然气为主，还有少量的生物质燃料与固体废弃物等，主要通过热电联产机组、集中式锅炉房供热。

三、未来我国供热形势的展望

（一）近期总供热量继续增加，远期可能下降

由前文可知，近年来我国的总供热量持续上升，主要原因在于城镇化率的提升和居民对建筑环境舒适性需求的不断提高。此外，总体上我国工业生产的用汽规模也在不断上升。

南方地区供暖可能是未来供热量大幅增加的重要因素。目前，确保温暖过冬已不再只是北方专属福利，武汉、合肥、贵阳、杭州等多地也形成了各具特色的供暖发展模式。预测到 2030 年，我国南方地区分布式供暖用户数量将达到 6577 万户，集中式供暖用户数量将达到 3246 万户。

当然，供热量增长也有限度，不可能永远增长下去。影响供热量增长的最主要因素是人口增长减缓甚至人口总量下降，此外，随着供热系统的效率不断提高，采用分户计量、智慧化供热的新技术、新模式，也可能导致总供热量下降。

（二）供热集中度将进一步提高，集中式供热仍然是主流

工业供热一般为集中式供热。建筑供暖中，城镇一般采用集中式供暖，农村一般采用分布式供暖。

1978 年，我国常住人口城镇化率为 17.92%，2022 年为 65.2%，44 年提升超 47 个百分点，预期 2030 年我国常住人口城镇化率将超过 70%，2035 年可能达到 75% 以上，城镇化必然带动供热方式由分布式进一步向集中式转变。

此外，在有热源条件、经济相对富裕的地区可能在其农村合理推广集中式供热，农村地区集中式供热比例也将提高。

（三）供热单位能耗将持续下降，供热领域实现碳达峰

需求方面，随着我国推进建筑节能工作，单位建筑面积耗热量将进一步降低。未来，既有非节能建筑将逐步分批改造达到建筑节能标准，新建建筑需满足超低能耗、近零能耗标准，供暖平均热耗预计将从 $0.34GJ/m^2$ 降低到 $0.2\sim0.25GJ/m^2$，相应大幅降低碳排放量。

供给方面，散烧煤和其他原始、粗犷的供热方式将基本绝迹，供热专用的燃煤锅炉、燃气锅炉等设施可能逐步被淘汰，新能源供热、热电联产居于主流位置，核电、火电及其他工业余热通过长输供热管线、大温差供热技术等得到规模化开发利用，大型跨季节蓄热装置等新技术也不鲜见，供热能耗和碳排放量将从源头上大幅降低。

（四）供热将更加清洁化

随着经济社会发展和生活水平提高，人们越发重视供热的环境效益，支付清洁供热的经济能力也越来越强，促进未来供热的清洁化。

能源革命和碳减排目标也会促进供热的清洁化。目前的供热系统执行严格环保标准，但多采用化石燃料作为能源，仍然会有不少污染物排放。如果完成了能源革命，主要由新能源和可再生能源供热，将会排放更少的污染物。

城市化和集中化供热，大幅减少我国农村地区火炕、火炉、火墙、土暖气的使用，供热也会变得更清洁。

（五）基于供热计量、与信息技术高度融合的智慧供热充分发展

现有供热系统普遍存在化石能源热源占比高、系统灵活性不足、管理粗放、智能化水平不高等问题，普遍存在供热过量和供热不足现象，供热煤耗较高，能源浪费严重。

未来将加快提升运行管理智能化水平，加快供热计量改革和按供热量收费，基于供热计量、与信息技术高度融合的智慧供热技术将得到广泛应用。

第二节 低碳清洁供热技术概况及相关标准

一、集中式和分布式供热系统技术特点

（一）集中式供热系统

1. 集中式供热的定义和技术特点

集中式供热的热源一般是热电联产机组、燃煤或燃气集中式供热锅炉、集中式热泵机组等，常利用供热管道长距离输运热量至用户，用于建筑供暖的热网系统一般需要配置换热站实现两级或多级供热，供热用户一般数量较多，供热设施由专业团队建设和运维，统一地调度和运行。集中式供热系统目前已成为现代化城镇的重要基础设施之一，是城镇公共事业的重要组成部分。典型集中式供热系统图如图1-3所示。

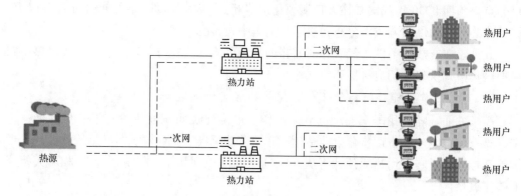

图 1-3 典型集中式供热系统图

2. 集中式供热的优点

集中式供热可对燃料进行统一、专业管理，有条件建设高标准的脱硫、脱硝、除尘设施以避免污染物直接排放，未来也方便开展碳捕获、利用与封存（Carbon Capture，Utilization and Storage，CCUS）工作。

集中式供热采用的热电联产机组、集中式锅炉、集中式热泵等设备本身具有更高的能源利用效率。通过集中式供热提高能源利用效率获得的热收益，远大于建设和运营较长供热管网（道）带来的热损失。

因为专业化的建设和运维，集中式供热项目可持续性和安全性好，寿命一般更长。因为有专业单位统一管理，对用户的使用、维护要求低，为用户带来便利，同时基本避免了火灾、煤气中毒、噪声侵扰等问题和隐患。

集中式供热热源各设备集中布置，占用较少的面积，且位于公共区域，除了暖气片等终端设施需要布置外，不占用热用户更多私人空间。

此外，集中式供热成本一般更低，不需要政府进行补贴。集中式供热技术更成熟，供热品质一般都比较有保障，供热更稳定。

3. 集中式供热的缺点

集中式供热常需要建设大规模的管网，初投资大，热量输送过程中有一定损失。

在没有实现供热分户计量、智能化管理的条件下，集中式供热无法提供个性化的服务，存在家中无人时无效供热、过度供热需开窗降温等问题，造成较大的能源浪费。

（二）分布式供热系统

1. 分布式供热的定义和技术特点

分布式供热指数量较多、互不关联的小型锅炉（燃煤锅炉、燃气锅炉或电锅炉）、热泵（空气源热泵、水源热泵、地源热泵）、电暖器或电热膜等热源，各自为多座或一座建筑物、一户人家或每个房间供热。终端形式可采用暖气片、暖风机、地暖设施等。其特点是传输距离短、规模较小、系统较简单，可自行选用供暖设备，根据用户实际需求进行灵活调整和控制。

典型分布式供热系统如图 1-4 所示。

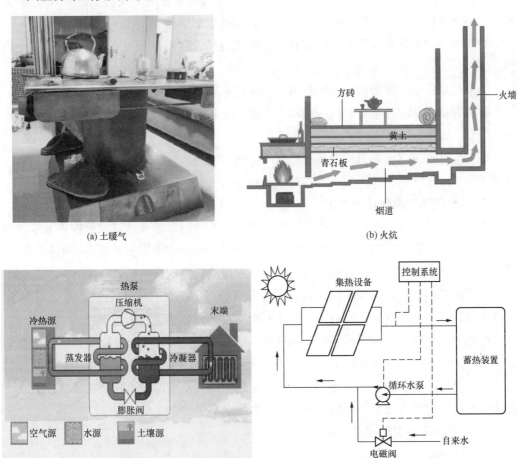

(a) 土暖气　　　　　　　　　　　　　　(b) 火炕

(c) 热泵　　　　　　　　　　　　　　(d) 太阳能供热

图 1-4　典型分布式供热系统

2. 分布式供热的优点

分布式供热系统规模小，初投资少，供热调节控制自由度大，用户可以根据室外温度变化和自身需求，自行控制供暖时间和温度。不仅大大地提高了供暖的舒适度，还可以做到人走停暖，有效地节约能源。

供热系统简单、占用空间小、操作简单。供热管道短甚至无需管道，也不需要设置热力站，减少或不存在输配系统能耗热量输送的热损失。出现故障时只会影响一小片区域（甚至一个房间），避免造成广泛的影响。

高效电热泵、电锅炉、电暖器等分布式设备可以利用我国大量的风能、光能、水能、地热能等可再生能源，实现低碳清洁供热，具备了灵活高效、协同电网、消纳绿电、可实现能量时空转换等优势。

3. 分布式供热的缺点

小型燃煤锅炉、燃气锅炉系统简单，一般热效率较低，污染物排放控制水平低。

户用供暖设施需要用户自行安装和维护（或付费请专业人士安装和维护），用户需要承担一定的维修、设备折旧费用，同时，因为运维水平低下，往往可持续性较差。

户用供热设备虽然体积较小，但相比集中式供热只需要布置暖气片，占用房间空间还是较大。

热泵供暖、电供暖等因为设备较贵、用电成本较高，总体供热成本较高。

空气源热泵在户外温度较低时效率会下降，−10℃以下的情况下容易结霜必须开取辅热，导致效率进一步下降。

热泵配置有压缩机等机械设备，运行时会发出噪声。壁挂式燃气供暖设备也可能有机械噪声、点火噪声、熄火噪声、热交换噪声等。

二、 低碳清洁供热技术概况

在负荷侧，可建设超低能耗建筑，或对存量建筑进行节能改造，积极推进基于热计量的智慧供热，在保证供热品质和生活水平不下降、供热成本不显著上升的前提下，从源头上减少供热需求，从而减少二氧化碳排放和污染物排放。

在热网侧，可增加热网供回水温差，提高供热管道保温技术水平，采用变频设备，采取热量计量和自动控制等措施，尽可能减少热网热力输送过程中的损耗。

在热源侧，建设燃煤热电联产、燃气-蒸汽联合循环热电联产、高效集中式燃煤锅炉和燃气锅炉等替代燃煤小锅炉、土暖气。为大型热源配置脱除二氧化碳及其他污染物的装置。充分利用核能、太阳能、地热能、生物质能等新能源及可再生能源供热。基于热泵技术、长输管线技术等利用工业余热、电厂余热供热。

三、 低碳清洁供热相关标准

（一）城镇供热标准体系

我国城镇供热标准体系[1]如表1-2～表1-5所示。

表 1-2　　　　　　　　　　城镇供热全文强制性标准

体系编码	标准名称	现行标准编号	标准现状
1.1	供热工程项目规范	GB 5010—2021	现行

表 1-3　　　　　　　　　　　　　城镇供热基础标准

体系编码	标准名称	现行标准编号	标准现状
2.1	术语标准		
2.1.1	供热术语标准	CJJ 55—2011	现行
2.2	计量单位与符号标准		
2.2.1	城镇供热用单位和符号	GB/T 34187—2017	现行
2.3	制图标准		
2.3.1	供热工程制图标准	CJJ/T 78—2010	现行
2.4	标志标准		
2.4.1	城镇供热系统标志标准	CJJ/T 220—2014	现行

表 1-4　　　　　　　　　　　　　城镇供热通用标准

体系编码	标准名称	现行标准编号	标准现状
3.1	供热系统通用标准		
3.1.1	城市供热规划规范	GB/T 51074—2015	现行
3.1.2	城镇供热系统评价标准	GB/T 50627—2010	现行
3.1.3	城镇供热系统能耗计算方法	GB/T 34617—2017	现行
3.1.4	城镇供热系统运行维护技术规范	CJJ/T 88—2014	现行
3.1.5	城镇供热系统抢修技术规范	CJJ 203—2013	现行
3.1.6	城镇供热系统节能技术规范	CJJ/T 185—2012	现行
3.1.7	供热系统节能改造技术规范	GB/T 50893—2013	现行
3.1.8	城镇供热服务	GB/T 33833—2017	现行
3.2	供热热源通用标准		
3.2.1	燃气冷热电联供工程技术规范	GB 51131—2016	现行
3.2.2	锅炉房设计规范	GB 50041—2008	现行
3.2.3	锅炉安装工程施工及验收规范	GB 50273—2009	现行
3.2.4	地源热泵系统工程技术规范（2009 版）	GB 50366—2005	现行
3.2.5	太阳能供热采暖工程技术标准	GB 50495—2019	现行
3.2.6	太阳能供热系统节能量和环境效益计算方法	NB/T 10152—2019	现行
3.2.7	太阳能供热系统实时监测技术规范	NB/T 10153—2019	现行
3.2.8	地热供热站设计规范	NB/T 10273—2019	现行
3.2.9	风电清洁供热可行性研究专篇编制规程	NB/T 31114—2017	现行
3.2.10	生物质成型燃料供热工程可行性研究报告编制规程	NB/T 34039—2017	现行
3.2.11	生物质锅炉供热成型燃料产品贮运技术规范	NB/T 34061—2018	现行
3.2.12	生物质锅炉供热成型燃料工程设计规范	NB/T 34062—2018	现行
3.2.13	生物质锅炉供热成型燃料术语	NB/T 34063—2018	现行
3.2.14	生物质锅炉供热成型燃料工程运行管理规范	NB/T 34064—2018	现行
3.2.15	生物质锅炉供热成型燃料试验方法通则	NB/T 34065—2018	现行

体系编码	标准名称	现行标准编号	标准现状
3.2.16	导热油供热站设计规范	SY/T 7405—2018	现行
3.3	供热管网通用标准		
3.3.1	城镇供热管网设计规范	CJJ 34—2010	现行
3.3.2	城镇供热管网结构设计规范	CJJ 105—2005	现行
3.3.3	城镇供热管网工程施工及验收规范	CJJ 28—2014	现行

表 1-5　　　　　　　　　　　城镇供热专用标准

体系编码	标准名称	现行标准编号	标准现状
4.1	供热系统专用标准		
4.1.1	城镇供热监测与调控系统技术规程	CJJ/T 241—2016	现行
4.1.2	供热计量系统运行技术规程	CJJ/T 223—2014	现行
4.1.3	供热计量技术规程	JGJ 173—2009	现行
4.1.4	供冷供热用蓄能设备技术条件	JG/T 299—2010	现行
4.2	供热热源专用标准		
4.2.1	燃气冷热电三联供工程技术规程	CJJ 145—2010	现行
4.2.2	城镇地热供热工程技术规程	CJJ 138—2010	现行
4.3	供热管网专用标准		
4.3.1	城镇供热直埋热水管道技术规程	CJJ/T 81—2013	现行
4.3.2	城镇供热直埋蒸汽管道技术规程	CJJ 104—2014	现行
4.3.3	城镇供热管道暗挖工程技术规程	CJJ 200—2014	现行
4.3.4	热力机械顶管技术标准	CJJ/T 284—2018	现行
4.3.5	城镇供热直埋热水管道泄漏监测系统技术规程	CJJ/T 254—2016	现行
4.3.6	供热站房噪声与振动控制技术规程	CJJ/T 247—2016	现行
4.3.7	城镇供热管道保温结构散热损失测试与保温效果评定方法	GB/T 28638—2012	现行
4.3.8	室外给水排水和燃气热力工程抗震设计规范	GB 50032—2003	现行
4.3.9	城镇供热保温管网系统散热损失现场检测方法	GB/T 38588—2020	现行

（二）低碳供热的重要标准

1.《建筑碳排放计算标准》（GB/T 51366—2019）

根据 GB/T 51366—2019 中 4.1.4，建筑运行阶段碳排放量应根据各系统不同类型能源消耗量和不同类型能源的碳排放因子确定，建筑运行阶段单位建筑面积碳排放量（C_M）应按下列公式计算，即

$$C_M = \frac{\left[\sum_{i=1}^{n}(E_i \cdot EF_i) - C_p\right]y}{S} \tag{1-1}$$

$$E_i = \sum_{j=1}^{n}(E_{i,j} - ER_{i,j}) \tag{1-2}$$

式中 C_M——建筑运行阶段单位建筑面积碳排放量，$t\ CO_2/m^2$；

E_i——建筑第 i 类能源年消耗量，TJ/a；

EF_i——第 i 类能源的碳排放因子，按 GB/T 51366—2019 中附录 A 取值，$t\ CO_2/TJ$；

C_p——建筑绿地碳汇系统年减碳量，$t\ CO_2/a$；

y——建筑设计寿命，a；

S——建筑面积，m；

$E_{i,j}$——j 类系统的第 i 类能源消耗量，TJ/a；

$ER_{i,j}$——j 类系统消耗由可再生能源系统提供的第 i 类能源量，TJ/a；

i——建筑消耗终端能源类型，包括电力、燃气、石油、市政热力等；

j——建筑用能系统类型，包括供暖空调、照明、生活热水系统等。

化石燃料碳排放因子应按 GB/T 51366—2019 中表 A.0.1 选取，如表 1-6 所示。

表 1-6　　　　　　　　　　　化石燃料碳排放因子

分类	燃料类型	单位热值含碳量 （t C/TJ）	碳氧化率 （%）	单位热值 CO_2 排放因子（$t\ CO_2/TJ$）
固体燃料	无烟煤	27.4	0.94	94.44
	烟煤	26.1	0.93	89.00
	褐煤	28.0	0.96	98.56
	炼焦煤	25.4	0.98	91.27
	型煤	33.6	0.90	110.88
	焦炭	29.5	0.93	100.60
	其他焦化产品	29.5	0.93	100.60
液体燃料	原油	20.1	0.98	72.23
	燃料油	21.1	0.98	75.82
	汽油	18.9	0.98	67.91
	柴油	20.2	0.98	72.59
	喷气煤油	19.5	0.98	70.07
	一般煤油	19.6	0.98	70.43
	NGL 天然气凝液	17.2	0.98	61.81
	LPG 液化石油气	17.2	0.98	61.81
	炼厂干气	18.2	0.98	65.40
	石脑油	20.0	0.98	71.87
	沥青	22.0	0.98	79.05
	润滑油	20.0	0.98	71.87
	石油焦	27.5	0.98	98.82
	石化原料油	20.0	0.98	71.87
	其他油品	20.0	0.98	71.87
气体燃料	天然气	15.3	0.99	55.54

注　TJ 为 Trillion Joule，即太焦耳，万亿焦耳。

其他能源碳排放因子应按 GB/T 51366—2019 中表 A.0.2 选取，如表 1-7 所示。

表 1-7　　　　　　　　　　　　其他能源碳排放因子

能源类型		缺省碳含量（tC/TJ）	缺省氧化因子	有效 CO_2 排放因子（tCO_2/TJ）		
				缺省值	95% 置信区间	
					较低	较高
城市废弃物（非生物量比例）		25.0	1	91.7	73.3	121
工业废弃物		39.0	1	143.0	110.0	183.0
废油		20.0	1	73.3	72.2	74.4
泥炭		28.9	1	106.0	100.0	108.0
固体生物燃料	木材/木材废弃物	30.5	1	112.0	95.0	132.0
	亚硫酸盐废液（黑液）	26.0	1	95.3	80.7	110.0
	木炭	30.5	1	112.0	95.0	132.0
	其他主要固体生物燃料	27.3	1	100.0	84.7	117.0
液体生物燃料	生物汽油	19.3	1	70.8	59.8	84.3
	生物柴油	19.3	1	70.8	59.8	84.3
	其他液体生物燃料	21.7	1	79.6	67.1	95.3
气体生物燃料	填埋气体	14.9	1	54.6	46.2	66.0
	污泥气体	14.9	1	54.6	46.2	66.0
	其他生物气体	14.9	1	54.6	46.2	66.0
其他非化石燃料	城市废弃物（生物量比例）	27.3	1	100.0	84.7	117.0

2.《火电厂烟气二氧化碳排放连续监测技术规范》（DL/T 2376—2021）

DL/T 2376—2021 作为首个二氧化碳排放连续监测行业技术标准，填补了我国发电领域碳排放连续监测技术行业标准空白，进一步完善了发电行业碳排放监测核算技术体系，从技术标准层面为我国做好碳达峰、碳中和工作奠定了基础。

（三）清洁供热的重要标准

不断提高环保标准，是推进清洁供热的重要措施。我国建立了较完备的大气污染物排放标准体系，部分为与供热相关的标准，这些标准中包括国家标准、行业标准、企业标准、地方标准等，限于篇幅，这里主要介绍国家标准，其他标准往往比国家标准更严格。

1.《火电厂大气污染物排放标准》（GB 13223）

我国火力发电厂大气污染物排放标准已更新多次。1991 年批准的《火电厂大气污染物排放标准》（GB 13223—1996）用于代替《工业三废排放试行标准》（GBJ 4—1973）。2003 年，为进一步控制我国酸雨问题及改善空气质量，发布《火电厂大气污染物排放标准》（GB 13223—2003）。2011 年发布《火电厂大气污染物排放标准》（GB 13223—2011），2012 年 1 月 1 日起实施至今。

GB 13223—2011 适用于使用单台出力 65t/h 以上除层燃炉、抛煤机炉外的燃煤发电锅炉；各种容量的煤粉发电锅炉；单台出力 65t/h 以上燃油、燃气发电锅炉；各种容量的燃气轮机组的火力发电厂。单台出力 65t/h 以上采用煤矸石、生物质、油页岩、石油焦等燃料的发电锅炉，参照 GB 13223—2011 中循环流化床火力发电锅炉的污染物排放控制要求执行，整体煤气化联合循环发电的燃气轮机组执行 GB 13223—2011 中燃用天然气的燃气轮机组排放限值。GB 13223—2011 不适用于各种容量的以生活垃圾、危险废物为燃料的火力发电厂。

《火电厂大气污染物排放标准》（GB 13223—2011）中各种污染物排放浓度限值如表 1-8 所示。

表 1-8　　　　　　　　　火力发电锅炉及燃气轮机组大气污染物排放浓度限值

序号	燃料和热能转化设施类型	污染物项目	适用条件	限值（mg/m³，烟气黑度除外）	污染物排放监控位置
1	燃煤锅炉	烟尘	全部	30	烟囱或烟道
		二氧化硫	新建锅炉	100、200①	
			现有锅炉	200、400①	
		氮氧化物（以 NO₂ 计）	全部	100、200②	
		汞及其化合物	全部	0.03	
2	以油为燃料的锅炉或燃气轮机组	烟尘	全部	30	
		二氧化硫	新建锅炉及燃气轮机组	100	
			现有锅炉及燃气轮机组	200	
		氮氧化物（以 NO₂ 计）	新建锅炉	100	
			现有锅炉	200	
			燃气轮机组	120	
3	以气体为燃料的锅炉或燃气轮机组	烟尘	天然气锅炉及燃气轮机组	5	
			其他气体燃料锅炉及燃气轮机组	10	
		二氧化硫	天然气锅炉及燃气轮机组	35	
			其他气体燃料锅炉及燃气轮机组	100	
		氮氧化物（以 NO₂ 计）	天然气锅炉	100	
			其他气体燃料锅炉	200	
			天然气燃气轮机组	50	
			其他气体燃料燃气轮机组	120	
4	燃煤锅炉，以油、气体为燃料的锅炉或燃气轮机组	烟气黑度（林格曼黑度）（级）	全部	1	烟囱排放口

① 位于广西壮族自治区、重庆市、四川省和贵州省的火力发电锅炉执行该限值。

② 采用 W 形火焰炉膛的火力发电锅炉、现有循环流化床火力发电锅炉，以及 2003 年 12 月 31 日前建成投产或通过建设项目环境影响报告书审批的火力发电锅炉执行该限值。

GB 13223—2011 规定，重点地区的火力发电锅炉及燃气轮机组执行表 1-9 所示的大气污染物特别排放限值。执行大气污染物特别排放限值的具体地域范围、实施时间，由国务院环境保护行政主管部门规定。

表 1-9 　　　　　　　　　　　　　大气污染物特别排放限值

序号	燃料和热能转化设施类型	污染物项目	适用条件	限值（mg/m³，烟气黑度除外）	污染物排放监控位置
1	燃煤锅炉	烟尘	全部	20	烟囱或烟道
		二氧化硫	全部	50	
		氮氧化物（以 NO_2 计）	全部	100	
		汞及其化合物	全部	0.03	
2	以油为燃料的锅炉或燃气轮机组	烟尘	全部	20	
		二氧化硫	全部	50	
		氮氧化物（以 NO_2 计）	燃油锅炉	100	
			燃气轮机组	120	
3	以气体为燃料的锅炉或燃气轮机组	烟尘	全部	5	
		二氧化硫	全部	35	
		氮氧化物（以 NO_2 计）	燃气锅炉	100	
			燃气轮机组	50	
4	燃煤锅炉，以油、气体为燃料的锅炉或燃气轮机组	烟气黑度（林格曼黑度）（级）	全部	1	烟囱排放口

2. 超低排放标准

超低排放是指火力发电厂燃煤锅炉采用多种技术，使其大气污染物排放浓度基本符合燃气机组排放限值，即二氧化硫不超过 35mg/m³、氮氧化物不超过 50mg/m³、烟尘不超过 5mg/m³。

对于燃煤电厂大气污染物超低排放的定义，最初存在多种表述方式，包括"近零排放""趋零排放""超低排放""超洁净排放""低于燃气轮机排放标准排放"等，"超低排放"从排放标准角度界定概念，更加科学。

2014 年，国家发展改革委、环保部等部委出台发布《煤电节能减排升级与改造行动计划（2014—2020 年）》，要求燃煤电厂要严格控制大气污染物排放，新建机组要达到或者接近燃气轮机排放限制。

2015 年 3 月，十二届全国人大三次会议《政府工作报告》明确要求"推动燃煤电厂超低排放改造"；2015 年 12 月，环保部、国家发展改革委和国家能源局联合印发《全面实施燃煤电厂超低排放和节能改造工作方案》，文件要求，2020 年全国所有具备改造条件的燃煤电厂力争实现超低排放。

3. 锅炉大气污染物排放标准（GB 13271）

我国于 1983 年发布《锅炉烟尘排放标准》（GB 3841—1983），1991 年第一次修订形成《锅炉大气污染物排放标准》（GB 13271—1991），2001年修订形成《锅炉大气污染物排放标准》（GB 13271—2001），目前使用的为《锅炉大气污染物排放标准》（GB 13271—2014）。

GB 13271—2014适用于以燃煤、燃油和燃气为燃料的单台出力65t/h及以下蒸汽锅炉、各种容量的热水锅炉及有机热载体锅炉；各种容量的层燃炉、抛煤机炉。使用型煤、水煤浆、煤矸石、石油焦、油页岩、生物质成型燃料等的锅炉，参照GB 13271—2014中燃煤锅炉排收标准执行。GB 13271—2014不适用于以生活垃圾、危险废物为燃料的锅炉。

GB 13271—2014指出，10t/h以上在用蒸汽锅炉和7MW以上在用热水锅炉自2015年10月1日起执行如表1-10所示规定的大气污染物排放限值，10t/h及以下在用蒸汽锅炉和7MW及以下在用热水锅炉自2016年7月1日起执行如表1-10所示规定的大气污染物排放限值。

表1-10　　　　　　　　　　在用锅炉大气污染物排放浓度限值

污染物项目	限值（mg/m³，烟气黑度除外）			污染物排放监控位置
	燃煤锅炉	燃油锅炉	燃气锅炉	
颗粒物	80	60	30	烟囱或烟道
二氧化硫	400、550①	300	100	
氮氧化物	400	400	400	
汞及其化合物	0.05	—	—	
烟气黑度（林格曼黑度，级）	≤1			烟囱排放口

① 位于广西壮族自治区、重庆市、四川省和贵州省的燃煤锅炉执行该限值。

GB 13271—2014指出，自2014年7月1日起，新建锅炉执行表1-11所示规定的大气污染物排放限值。

表1-11　　　　　　　　　　新建锅炉大气污染物排放浓度限值

污染物项目	限值（mg/m³，烟气黑度除外）			污染物排放监控位置
	燃煤锅炉	燃油锅炉	燃气锅炉	
颗粒物	50	30	20	烟囱或烟道
二氧化硫	300	200	50	
氮氧化物	300	250	200	
汞及其化合物	0.05	—	—	
烟气黑度（林格曼黑度，级）	≤1			烟囱排放口

GB 13271—2014指出，重点地区锅炉执行表1-12所示规定的大气污染物特别排放限值。执行大气污染物特别排放限值的地域范围、时间，由国务院环境保护主管部门或省级人民政府规定。

新型电力系统下集中式低碳清洁供热与调节

表 1-12   大气污染物特别排放限值

| 污染物项目 | 限值（mg/m³，烟气黑度除外） | | | 污染物排放监控位置 |
	燃煤锅炉	燃油锅炉	燃气锅炉	
颗粒物	30	30	20	烟囱或烟道
二氧化硫	200	100	50	
氮氧化物	200	200	150	
汞及其化合物	0.05	—	—	
烟气黑度（林格曼黑度，级）	≤1			烟囱排放口

4.《城市生活垃圾焚烧污染控制标准》（GB 18485—2014）

GB 18485—2014 用于替代《生活垃圾焚烧污染控制标准》（GB 18485—2001），适用于生活垃圾焚烧厂的设计、环境影响评价、竣工验收以及运行过程中的污染控制及监督管理。掺加生活垃圾质量超过入炉（窑）物料总质量 30％的工业窑炉以及生活污水处理设施产生的污泥、一般工业固体废物的专用焚烧炉的污染控制参照 GB 18485—2014 执行。

《城市生活垃圾焚烧污染控制标准》（GB 18485—2014）规定的生活垃圾焚烧炉排放烟气中污染物限值如表 1-13 所示。

表 1-13   生活垃圾焚烧炉排放烟气中污染物限值

序号	污染物项目	限值	取值时间
1	颗粒物（mg/m³）	30	1h 均值
		20	24h 均值
2	氮氧化合物（NO$_x$）（mg/m³）	300	1h 均值
		250	24h 均值
3	二氧化硫（SO$_2$）（mg/m³）	100	1h 均值
		80	24h 均值
4	氯化氢（HCl）（mg/m³）	60	1h 均值
		50	24h 均值
5	汞及其化合物（以 Hg 计）（mg/m³）	0.05	测定均值
6	镉、铊及其化合物（以 Cd＋Tl 计）（mg/m³）	0.1	测定均值
7	锑、砷、铅、铬、钴、铜、锰、镍及其化合物（以 Sb＋As＋Pb＋Cr＋Co＋Cu＋Mn＋Ni 计）（mg/m³）	1.0	测定均值
8	二噁英类（TEQ）（ng/m³）	0.1	测定均值
9	一氧化碳（CO）（mg/m³）	100	1h 均值
		80	24h 均值

注　TEQ 为 Toxic Equivalent Quantity，即毒性当量。

（四）建筑节能相关标准

1. 我国1986—2016年建筑节能30％、50％、65％三步走相关规范

我国从20世纪80年代开始，以建筑节能标准"三步走"为抓手，大力推动建筑节能工作。以1980—1981年住宅通用设计能耗水平为基础，按此基础上提高能效30％为一个阶段（一步）。因此，通常所说的第一步节能是在1980—1981年住宅通用设计能耗水平的基础上节能30％，也称为节能30％的标准。第二步节能是在第一步节能的基础上再节约30％，即30％＋70％×30％＝51％，也称为节能50％的标准。第三步节能是在第二步节能的基础上再节约30％，即50％＋50％×30％＝65％，也称为节能65％的标准。

我国于1986年8月1日起实施第一阶段节能30％工作，依托的主要标准为《民用建筑节能设计标准（采暖居住建筑部分）》（JGJ 26—86），JGJ 26—86适用于设置集中采暖的新建和扩建居住建筑（住宅建筑约占92％，集体宿舍、招待所、旅馆、托儿所建筑等约占8％）及居住区供热系统的节能设计，最终希望节约30％的采暖用煤。节能30％主要通过加强围护结构的保温和门窗的气密性，以及提高采暖供热系统（主要包括锅炉和室外管网）的运行效率来实现。为了实现节能30％这一目标，建筑物的耗热量应在原来的基础上降低20％左右；锅炉的运行效率应从原来的55％提高到60％，室外管网的输送效率应从原来的85％提高到90％。

我国于1996年7月1日起实施第二阶段节能50％工作，依托的主要标准为《民用建筑节能设计标准》（JGJ 26—1995），JGJ 26—1995适用于严寒和寒冷地区设置集中采暖的新建和扩建居住建筑的建筑热工与采暖节能设计，暂无条件设置集中采暖的居住建筑，其围护结构宜按JGJ 26—1995执行。为了实现节能50％这一目标，建筑物的耗热应在原来的基础上降低35％左右；锅炉运行效率应从原来的55％提高到68％，室外管网的输送效率应从原来的85％提高到90％。

我国在2010—2016年开始实施第三阶段节能65％工作，依托的主要标准为《公共建筑节能设计标准》（GB 50189—2015）、《严寒和寒冷地区居住建筑节能设计标准》（JGJ 26—2010）、《夏热冬冷地区居住建筑节能设计标准》（JGJ 134—2016）、《夏热冬暖地区居住建筑节能设计标准》（JGJ 75—2012）等。

节能基准和三步节能的重要参数如表1-14所示。

表1-14　　　　　　　　节能基准和三步节能的重要参数

节能标准	1980—1981年住宅通用设计能耗水平（基准）	一步节能（节能30％）	二步节能（节能50％）	三步节能（节能65％）
耗热量指标（W/m²）	31.7	25.3	20.6	14.7
耗煤量指标［(kg/m²)/a］	25.0	17.5	12.4	8.8
热耗指标（GJ/m²）	0.7	0.5	0.4	0.4
锅炉效率（％）	55	60	68	68
管道效率（％）	85	90	90	90

"三步走"的建筑节能适用于全国范围的建筑，但局部地区采取了更高的标准，例

如，北京、天津、新疆等地区依托地方标准，在 2016 年前居住建筑方面已经开始执行节能 75％的标准。

2.2016 年以后更高的节能标准

住房城乡建设部提出了 2016—2030 年建筑节能"新三步走"战略规划，将 2016 年执行的节能标准作为基准，逐步向超低、近零、零能耗建筑发展，在 2025 年有条件地区新建建筑实现近零能耗，2050 年新建建筑实现零能耗。

《近零能耗建筑技术标准》（GB/T 51350—2019）为住房城乡建设部 2016—2030 建筑节能"新三步走"的战略规划提供技术依据。其以 2016 年国家建筑节能设计标准《公共建筑节能设计标准》（GB 50189—2015）（适用于新建、扩建和改建的公共建筑节能设计）、《严寒和寒冷地区居住建筑节能设计标准》（JGJ 26—2010）、《夏热冬冷地区居住建筑节能设计标准》（JGJ 134—2016）、《夏热冬暖地区居住建筑节能设计标准》（JGJ 75—2012）为基准，给出相对节能水平。考虑我国不同气候区特点，使用同一个百分比约束不同气候区不同类型建筑难度加大，因此对不同气候区近零能耗建筑提出不同能耗控制指标，严寒和寒冷地区，近零能耗居住建筑能耗降低 70％以上，不再需要传统的供热方式；夏热冬暖和夏热冬冷地区近零能耗居住建筑能耗降低 60％以上；不同气候区近零能耗公共建筑能耗平均降低 60％以上。

《建筑节能与可再生能源利用通用规范》（GB 55015—2021）中 2.0.1 规定，新建居住建筑和公共建筑平均设计能耗水平应在 2016 年执行的节能设计标准的基础上分别降低 30％和 20％。不同气候区平均节能率应符合下列规定：严寒和寒冷地区居住建筑平均节能率应为 75％；除严寒和寒冷地区外，其他气候区居住建筑平均节能率应为 65％；公共建筑平均节能率应为 72％。GB 55015—2021 中 2.0.2 规定，标准工况下，不同气候区的各类新建建筑平均能耗指标（单位面积每年能耗）应按该规范附录 A 确定。GB 55015—2021 中 2.0.3 规定，新建的居住和公共建筑碳排放强度应分别在 2016 年执行的节能设计标准的基础上平均降低 40％，碳排放强度平均降低 7kg $CO_2/(m^2 \cdot a)$ 以上。此外，GB 55015—2021 还规定了建筑和维护结构限值、锅炉、热泵的最低热效率、性能系数等。

第三节　低碳清洁供热政策

一、低碳供热相关政策

低碳供热是我国低碳战略的重要组成部分。

2020 年 9 月 22 日，在第七十五届联合国大会一般性辩论上，我国政府郑重宣示了在减缓气候变化方面的战略部署，即要在 2030 年之前实现碳排放达峰，力争 2060 年实现碳中和。

2021 年 6 月 1 日，国家机关事务管理局、国家发展改革委《关于印发"十四五"公共机构节约能源资源工作规划的通知》提到，"推广集中供热，拓展多种清洁供暖方式，推进燃煤锅炉节能环保综合改造、燃气锅炉低氮改造，因地制宜推动北方地区城镇公共机构实施清洁取暖""加大太阳能、风能、地热能等可再生能源和热泵、高效储能技术推广力度,大力推进太阳能光伏、光热项目建设,提高可再生能源消费比重。"

2021年7月1日,国家发展改革委《"十四五"循环经济发展规划》提到,"推进园区循环化发展。推动企业循环式生产、产业循环式组合,促进废物综合利用、能量梯级利用、水资源循环使用,推进工业余压余热、废水废气废液的资源化利用,实现绿色低碳循环发展,积极推广集中供气供热。"

2021年9月22日,中共中央国务院《关于完整准确全面贯彻新发展理念做好碳达峰碳中和工作的意见》(中发〔2021〕36号)提到,"加快优化建筑用能结构。深化可再生能源建筑应用,加快推动建筑用能电气化和低碳化。开展建筑屋顶光伏行动,大幅提高建筑采暖、生活热水、炊事等电气化普及率。在北方城镇加快推进热电联产集中供暖,加快工业余热供暖规模化发展,积极稳妥推进核电余热供暖,因地制宜推进热泵、燃气、生物质能、地热能等低碳清洁供暖。"

2021年10月24日,国务院《2030年前碳达峰行动方案》(国发〔2021〕23号)提到,"加快提升建筑能效水平。加快更新建筑节能、市政基础设施等标准,提高节能降碳要求。加强适用于不同气候区、不同建筑类型的节能低碳技术研发和推广,推动超低能耗建筑、低碳建筑规模化发展。加快推进居住建筑和公共建筑节能改造,持续推动老旧供热管网等市政基础设施节能降碳改造。提升城镇建筑和基础设施运行管理智能化水平,加快推广供热计量收费和合同能源管理,逐步开展公共建筑能耗限额管理。到2025年,城镇新建建筑全面执行绿色建筑标准。""加快优化建筑用能结构。深化可再生能源建筑应用,推广光伏发电与建筑一体化应用。积极推动严寒、寒冷地区清洁取暖,推进热电联产集中供暖,加快工业余热供暖规模化应用,积极稳妥开展核能供热示范,因地制宜推行热泵、生物质能、地热能、太阳能等低碳清洁供暖。引导夏热冬冷地区科学取暖,因地制宜采用清洁高效取暖方式。""推进农村建设和用能低碳转型。推进绿色农房建设,加快农房节能改造。持续推进农村地区清洁取暖,因地制宜选择适宜取暖方式。发展节能低碳农业大棚。推广节能环保灶具、电动农用车辆、节能环保农机和渔船。加快生物质能、太阳能等可再生能源在农业生产和农村生活中的应用。加强农村电网建设,提升农村用能电气化水平。"

2022年1月24日,国务院《"十四五"节能减排综合工作方案》提到,"全面提高建筑节能标准,加快发展超低能耗建筑,积极推进既有建筑节能改造、建筑光伏一体化建设。因地制宜推动北方地区清洁取暖,加快工业余热、可再生能源等在城镇供热中的规模化应用。""公共机构能效提升工程。加快公共机构既有建筑围护结构、供热、制冷、照明等设施设备节能改造,鼓励采用能源费用托管等合同能源管理模式。""稳妥有序推进大气污染防治重点区域燃料类煤气发生炉、燃煤热风炉、加热炉、热处理炉、干燥炉(窑)以及建材行业煤炭减量,实施清洁电力和天然气替代。推广大型燃煤电厂热电联产改造,充分挖掘供热潜力,推动淘汰供热管网覆盖范围内的燃煤锅炉和散煤。加大落后燃煤锅炉和燃煤小热电退出力度,推动以工业余热、电厂余热、清洁能源等替代煤炭供热(蒸汽)""加强统计监测能力建设。严格实施重点用能单位能源利用状况报告制度，健全能源计量体系，加强重点用能单位能耗在线监测系统建设应用。"

2022 年 1 月 29 日，国家发展改革委、国家能源局《"十四五"现代能源体系规划》提到，"大力发展非化石能源。因地制宜发展生物质能清洁供暖""积极推进地热能供热制冷，在具备高温地热资源条件的地区有序开展地热能发电示范""持续推进北方地区冬季清洁取暖，推广热电联产改造和工业余热余压综合利用，逐步淘汰供热管网覆盖范围内的燃煤小锅炉和散煤，鼓励公共机构、居民使用非燃煤高效供暖产品。力争到 2025 年，大气污染防治重点区域散煤基本清零，基本淘汰 35 蒸吨/小时以下燃煤锅炉。"

二、清洁供热相关政策

我国政府一贯重视大气污染的治理，北方地区冬季采暖的清洁化是大气污染治理的重点领域。

2016 年 12 月 21 日，中央财经领导小组第十四次会议专题研究推进北方地区冬季清洁取暖问题，会议指出，"要按照企业为主、政府推动、居民可承受的方针，宜气则气，宜电则电，尽可能利用清洁能源，加快提高清洁供热比重"。后来，有关部门又在"宜气则气，宜电则电"的基础上，补充了"宜煤则煤，宜热则热"。这四个"宜"实质是要求因地制宜，根据当地的资源环境状况科学地制定清洁取暖方案。

2017 年 1 月发布的《能源发展"十三五"规划》提出推广热电冷三联供和生物质热电联产、地热能供暖、低品位余热供暖等。2017 年 5 月，住房城乡建设部、国家发展改革委印发的《全国城市市政基础设施建设"十三五"规划》明确了集中式供热系统作为市政基础设施对城镇化发展的重要地位，并具体提出大力发展热电联产集中式供热和天然气、电能、可再生能源等清洁能源供热。2017 年 9 月，住房城乡建设部、国家发展改革委、财政部、能源局发布《关于推进北方采暖地区城镇清洁供暖的指导意见》。2017 年 12 月，国家发展改革委、国家能源局、财政部等十部门联合发布《北方地区冬季清洁取暖规划（2017—2021 年)》(发改能源〔2017〕2100 号)，全面推进北方地区清洁取暖工作。

2018 年 6 月，国务院发布《打赢蓝天保卫战三年行动计划》。2018 年 10 月，国家发展改革委、国家能源局印发《清洁能源消纳行动计划（2018—2020 年)》。

2017 年 5 月，财政部、住房城乡建设部、环境部和国家能源局四部委联合发布《关于开展中央财政支持北方地区冬季清洁取暖试点工作的通知》(财建〔2017〕238 号)，明确中央财政支持北方地区冬季清洁取暖试点工作。重点支持京津冀及周边地区大气污染传输通道"2+26"城市，并通过竞争性评审确定首批 12 个试点城市，试点示范期为 3 年，直辖市每年安排 10 亿元，省会城市每年安排 7 亿元，地级城市每年安排 5 亿元。2018 年 7 月，财政部、生态环境部、住房城乡建设部、国家能源局联合下发《关于扩大中央财政支持北方地区冬季清洁取暖城市试点的通知》(财建〔2018〕397 号)，文件提到，"2+26"城市奖补标准按照《关于开展中央财政支持北方地区冬季清洁取暖试点工作的通知》执行，张家口市比照"2+26"城市标准，汾渭平原原则上每市每年奖补 3 亿元。2019 年 7 月，《财政部关于下达 2019 年度大气污染防治资金预算的通知》（财资环〔2019〕6号）明确了2019年大气污染防治资金安排、2019年北方地区冬季清洁取暖试点资金安排等。自2017年6月以来，国家先后建设了四批中央财政支持北方地区冬季清洁取暖的试点城市，共计63个。

2021年9月，国家发展改革委、住房城乡建设部发布《关于加强城镇老旧小区改造配套设施建设的通知》，提出推动发挥开发性、政策性金融支持城镇老旧小区改造的重要作用，积极争取利用长期低成本资金，支持小区整体改造项目和水电气热等专项改造项目。2021年12月，国务院《关于印发"十四五"节能减排综合工作方案的通知》，对节能减排工作作出安排部署，要求因地制宜推动北方地区清洁取暖，加快工业余热、可再生能源等在城镇供热中的规模化应用。

2022年7月27日，国务院新闻办公室举行"加快建设能源强国　全力保障能源安全"新闻发布会，会上宣布，我国北方地区清洁取暖提前完成了规划目标，清洁取暖面积达到了$156\times10^8\,m^2$，清洁取暖率达到73.6%，累计替代散煤超过$1.5\times10^8\,t$，对降低$PM_{2.5}$的浓度、改善空气质量的贡献率超过1/3。

第四节　新型电力系统与低碳清洁供热

一、新型电力系统的内涵及特征

2021年3月15日，中央财经委员会第九次会议对能源电力发展作出了系统阐述，首次提出构建新型电力系统。新型电力系统以确保能源电力安全为基本前提，以满足经济社会高质量发展的电力需求为首要目标，以高比例新能源供给消纳体系建设为主线任务，以源网荷储多向协同、灵活互动为坚强支撑，以坚强、智能、柔性电网为枢纽平台，以技术创新和体制机制创新为基础保障，是新型能源体系的重要组成和实现"双碳"目标的关键载体。

新型电力系统具备安全高效、低碳清洁、柔性灵活、智慧融合四大重要特征，其中安全高效是基本前提，低碳清洁是核心目标，柔性灵活是重要支撑，智慧融合是基础保障，共同构建了新型电力系统的"四位一体"框架体系。

二、新型电力系统建设对低碳清洁供热的影响

目前，建设新型电力系统已经上升为国家发展战略，与低碳清洁供热一起作为实现我国2030年碳达峰、2060年碳中和目标最重要举措。新型电力系统建设和低碳清洁供热之间互有深刻影响，本小节主要从火电灵活性改造及调峰、储能、高比例终端电力消费、电力需求侧管理等方面论述建设新型电力系统对低碳清洁供热的影响。

（一）火电灵活性改造提高供热能力

火电灵活性改造是指提高火力发电运行灵活性的改造，即提高适应出力大幅波动、快速响应各类变化的能力，使火电机组实现深度调峰（锅炉及汽轮机在低负荷状态下运行）、快速启停、快速出力变化，对热电机组则可实现热电解耦运行。火电灵活性改造的技术方案主要包括锅炉和汽轮机本体改造、加装蓄热调峰装置（热水罐、固体蓄热）、加装电锅炉、低压缸零出力和余热回收供热等。

通过灵活性改造，使得调峰能力和供热能力都得到了提升。文献[2]对比了储热水罐、电锅炉、切除低压缸、高背压改造、旁路供热、循环水余热供热六种热电解耦技术。从对机组供热能力的影响来看，增加蓄热装置和电锅炉、旁路供热和余热供热等技术均大幅提升了机组的供热能力（30%~50%），切除低压缸和高背压改造带来的供热增幅稍低。

（二）储热设施规模应用提高供热能力

在新型电力系统中，与集中式供热相关的储热应用方式主要包括为热电厂热电解耦而配置的储热装置（包括水储热和固体储热）、与太阳能光热发电结合的熔盐储热装置。

热电厂配置的储热装置，无论是水储热还是固体储热，均很难再高效地转化为电能，而是进入供热系统，提高了供热能力，同时增加了供热系统的调度复杂性和难度。太阳能光热系统一般布置于远离居民区的大基地内，与太阳能光热发电结合的熔盐储热装置附近往往没有供热负荷，熔盐储热在多数情况下实际上与供热系统无关。

（三）高比例终端电力消费目标促进电供热的大规模运用

未来，电能将逐步成为主要的终端能源消费形式，助力终端能源消费的低碳化转型。预期2030年我国终端电气化率将达到30%以上；2060将超过60%，而建筑部门的电气化率将超过75%。

供热的电气化是电气化的重要组成部分，电供热可以实现至少在供热终端的低碳和清洁。随着新型电力系统的发展，未来可再生能源将成为主力电源，发电量占比会越来越高，电供热将成为全面的低碳清洁供热方式。电供热占地面积小、效率高、无污染、智能化水平高，非常适宜进行分布式布置，带动分布式供热系统快速发展。

（四）电供热设施作为可中断负荷参与电力需求侧管理

电力需求侧管理是指为提高电力资源利用效率，改进用电方式，实现科学用电、节约用电、有序用电所开展的相关活动。从广义上讲电力需求侧管理涵盖能效、负荷管理、电能替代、分布式发电四个方面，通常意义上的电力需求侧管理主要指能效和负荷管理（即需求响应）。

电供热可应用于电力需求侧管理，它首先是一种用电方式和电能替代方式，可以通过热泵等技术提高用电能效。最能体现电供热设施参与电力需求侧管理的是充分利用供热系统的热惯性，电供热设施作为可中断负荷参与电力调度，实现削峰填谷。电供热设施作为可中断负荷进行需求侧管理时，因为热惯性的因素，电力系统时间尺度与供热系统时间尺度不同，一般不会对供热系统的供热品质产生明显影响。

三、 新型电力系统中供热系统的技术特点

（一）从热电解耦到新的热电耦合

建设新型电力系统需提高火电灵活性，因此设法实现热电联产机组的热电解耦，但这种解耦并不彻底，仅仅是安装储热设施缓和了供电和供热之间的矛盾，相比之前的"以热定电"模式，供电的灵活性上升了，供热的灵活性却下降了。

另外，更大规模的电供热系统将成为新型电力系统的电力负荷，因为供热系统具有可中断性能，电供热系统还可能大规模地参与电力需求侧管理，未来可能需要电力和热力联合调度，在更高的层面上热和电的耦合程度将加深。

（二）实现智慧、低碳、清洁供热，分布式供热比例较高

在新型电力系统条件下，电供热的占比将不断提高。电供热系统更容易实现智能化、智慧化控制，电供热设施不会产生直接的二氧化碳和其他污染物排放，随着新能源和可再生能源发电比例提升，电供热设施间接产生的二氧化碳和其他污染物排放也将迅速减少，供热系统将实现智慧化、低碳化、清洁化。

电供热占地面积小、效率高、无污染、智能化水平高，非常适宜于分散式供热，电供热的广泛应用将促进分布式供热的大幅增长，提高分布式供热比例。

第二章

热 负 荷

热负荷是供热需求强度的度量，是供热系统带的"负荷"，也是供热系统设计和运行调节的起点和依据。本章将从热负荷相关基本概念、热负荷的调查与核实、热负荷计算等角度展开论述，主要目的在于获得采暖热负荷、生产工艺热负荷的数值，为第三章开展供热系统与供热管网（线）的相关计算奠定基础。本章还介绍了与热负荷相关的节能减排技术。

第一节 热负荷的相关基本概念

一、热负荷的定义和单位

热负荷为单位时间内热用户所需热量，通常用 q 表示，单位常为吉焦/时（GJ/h）或 MW，1MW＝3.6GJ/h。蒸汽供热时，尤其是低压蒸汽供应采暖用热时，主要利用饱和蒸汽凝结为饱和水时的潜热，故经常采用蒸汽流量 D（单位为 t/h）直接度量热负荷，在计算精度要求不高的条件下，1t/h 蒸汽约对应 0.7MW 的供热能力。精度要求较高时，给定蒸汽流量的同时，应标明蒸汽参数。

二、热负荷的分类

按应用场景的不同，热负荷可区分为生产热负荷（又称工业热负荷，含生产工艺热负荷，以及生产相关的采暖、通风、空调热负荷）、采暖热负荷。生产热负荷多是以蒸汽为热介质，采暖热负荷可以用蒸汽或热水作为热介质，其中，蒸汽一般通过汽-水热交换器加热热水供应采暖热负荷。

按需求时间的不同，热负荷可区分为常年性热负荷和季节性热负荷。常年性热负荷是一年四季都存在的热负荷，如热水负荷、大部分的生产工艺热负荷。季节性热负荷是一年中只有某个季节才发生的热负荷，如榨糖、粮食烘干等生产工艺热负荷，以及采暖、制冷热负荷。

按照需要供应时间的不同，热负荷区分为现状热负荷、近期热负荷和远期热负荷。现状热负荷一般已经由既有热源供应，但因某些原因需要被新热源替代（例如，采用低碳清洁的热源替代传统燃煤热源）；近期热负荷指现状还没有，但预计近期（一般 3～5年以内）会有，或者已经有比较确定用热需求的热负荷（例如，已经立项肯定会建设的用热项目），因为热源建设也需要一段时间（一般为 0.5~1 年），因此，从设计之初就考虑现状热负荷和近期热负荷，可以保证在热源项目建成后不久就恰好实现热源和热负荷的匹配；远期热负荷，即预计远期（一般 3~5 年以上）会有，但不能确定用热需求的热负荷（例如，仅仅根据房地产和人口增长的数据外推的未来热负荷，没有立项工程项目对应的热负荷），热源项目容量设计时不需要考虑远期热负荷，远期热负荷可以用于规划远期热源项目。

三、 热负荷曲线图

热负荷曲线图用于表示热负荷随室外温度或时间的变化，热负荷曲线图形象地反映热负荷变化的规律。

在供热工程中，常用的热负荷曲线图主要有热负荷实时（逐时）曲线图、热负荷随室外温度变化曲线图和热负荷持续曲线图。

（一）热负荷实时（逐时）曲线图

热负荷实时（逐时）曲线即热负荷随时间实时或逐时变化的曲线，可以是一条连续的实时曲线，也可以是一条逐时的阶梯线。实际工程应用中，经常是一天逐小时、一个月逐天或一年逐月的曲线，相应称为日热负荷实时（逐时）曲线图、月热负荷实时（逐日）曲线图和年热负荷实时（逐月）曲线图。

日热负荷实时（逐时）曲线表示热负荷在某日随时间变化的情况。横坐标为时间，一般按小时计，纵坐标为该小时内平均热负荷，从零时开始逐时绘制。日热负荷实时（逐时）曲线可以看出一天内热负荷的变化，是最重要的热负荷曲线之一。通过绘制供暖初期、中期、末期典型日的日热负荷实时（逐时）曲线，或绘制不同季节典型日的日热负荷实时（逐时）曲线，几乎可以了解整个供热期的全貌，可以用于指导供热系统的调度运行。

典型日热负荷实时（逐时）曲线图如图 2-1 所示。该曲线中，每小时的热负荷是平均热负荷，保持不变，因此是一条阶梯线。如果记录每一时刻的热负荷，则可以得到一条连续的日热负荷实时曲线。

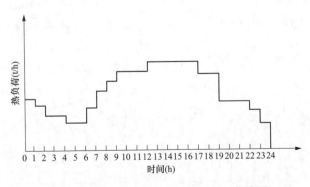

图 2-1 典型日热负荷实时（逐时）曲线图

月热负荷实时（逐日）曲线表示热源或用户的热负荷在某月随时间变化的情况。横坐标为时间，一般按天计；纵坐标为热负荷，从零天开始逐天绘制，因为一般每天热负荷均按平均值计量，故月热负荷实时（逐日）曲线一般也是阶梯线。年热负荷实时（逐月）曲线表示热源或用户的热负荷在某年随时间变化的情况。横坐标为时间，一般按月计；纵坐标为热负荷，从零月开始逐月绘制，因为一般每月热负荷均按平均值计量，故年热负荷实时（逐月）曲线一般也是阶梯线。

（二）热负荷随室外温度变化曲线图

热负荷随室外温度变化曲线以室外环境温度为横坐标，以热负荷为纵坐标。季节性的供暖、通风热负荷的大小，主要取决于当地的室外温度，利用热负荷随室外温度变化曲线图能很好地反映季节性热负荷的变化规律。

（三）热负荷持续曲线图

热负荷持续曲线图，又被称为热负荷延时曲线图、热负荷延续时间曲线图等，常用于供热工程规划设计。热负荷持续曲线图的特点与热负荷实时（逐时）曲线图不同，在热负荷持续曲线图中，热负荷不是按出现时间的先后来排列，而是按其数值的大小从高到低来排列。热负荷持续曲线图能反映出不同供热设施之间的负荷分配情况，并能直观地表达出基本供热设施与尖峰供热设施（调峰供热设施）供热量的大小。

以生产热负荷为例，基于热负荷实时（逐时）曲线，如图 2-2（a）所示，把该曲线分拆为一个个长方条，如图 2-2（b）所示，将长方条沿时间轴从大到小重新排列，如图 2-2（c）所示，取长方条顶部边界线的中点，用曲线连接得到热负荷持续曲线，如图 2-2（d）所示。

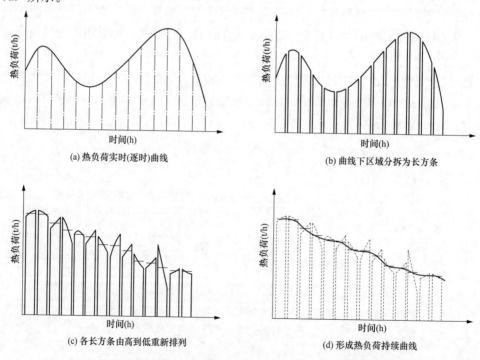

图 2-2　热负荷持续曲线的生成

上述绘图过程中，长方条是比较宽的，如果将时间间距缩短至无穷小，就可以直接得到光滑的热负荷持续曲线。用更严谨的数学语言表达，考虑热负荷随时间 T 实时变化，故有函数 $q=f(T)$［或 $D=f(T)$］，其为热负荷实时曲线，将热负荷实时曲线划分为微元，q_{max}（或 D_{max}），由高至低布置，保证当 $T_1 \leqslant T_2$ 时有 $f(T_1) \geqslant f(T_2)$，直到 q_{min}（或 D_{min}）置于 $T=T_{max}$，从而得到热负荷持续曲线。

采暖热负荷的情况类似，可以采用相同的方法获得热负荷持续曲线。采暖热负荷的特殊之处在于，热负荷与室外温度有函数关系 $q=f(t_w)$（一般可认为是线性关系，具体推理见本章第三节），采暖期室外温度也有自己的持续曲线 $t_w=g(T)$，由此可以得出 $Q=f[g(T)]$，即建立了采暖热负荷持续曲线。采暖热负荷持续曲线建立过程如图 2-3 所示。

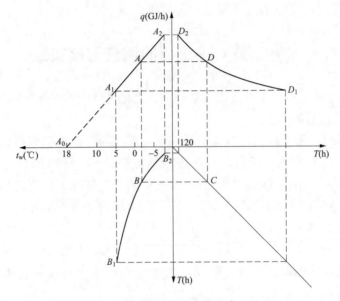

图 2-3 采暖热负荷持续曲线建立过程

图 2-3 中，第二象限所示即为热负荷随外界环境温度变化的曲线［即 $q=f(t_w)$ 曲线］，在曲线上选取 1 个 A 点，坐标为 (t_{wA}, q_A)。第三象限反映了室外温度持续曲线［即 $t_w=g(T)$］，由 A 点可在 $t_w=g(T)$ 曲线上找到与 A 点横坐标相同的 B 点 (t_{wA}, T_B)。第四象限是 $y=x$ 曲线，方便由 $y=T$（图中的 BC 所在水平直线）得到 $x=T$（图中的 CD 所在的竖直线）；第一象限所示曲线即为得到的采暖热负荷持续曲线｛即 $q=f[g(T)]$ 曲线｝，D 点是过 A 点的水平线和过 C 点的竖直线相交获得，其坐标为 (T_B, q_A)。

此外，图 2-3 中的其他特殊点如下。

（1）A_0 点。供暖室内设计温度 t_N，取值见《民用建筑供暖通风与空气调节设计规范》（GB 50736—2012）"3 室内空气设计参数"，一般为 18℃，室外温度为 18℃时，理论上完全不需要供热，此时热负荷为 0。

（2）A_1 点、B_1 点、D_1 点。按我国标准，气温只有低于 5℃才开始供暖，此时热负

27

荷为供暖期最小热负荷。B_1 点为采暖期室外温度持续曲线的最大点，D_1 点和 A_1 点分别是热负荷持续曲线、热负荷随室外温度变化曲线的最小点。它们相互之间具有对应关系。

（3）A_2 点、B_2 点、D_2 点。根据我国供热实践，全年最冷的 5 天（总小时数为 120h）不保证供暖使得室内温度达到 18℃，在此 120h 之外，最冷环境温度对应最大的热负荷。B_2 点为采暖期室外温度持续曲线的最小点，D_2 点和 A_2 点分别是热负荷持续曲线、热负荷随室外温度变化曲线的最大点，它们相互之间具有对应关系。

由图 2-3 的分析可知，热负荷随室外温度变化曲线［即 $q=f(t_w)$ 曲线］、室外温度的持续曲线 $t_w=g(T)$ 是获得热负荷持续曲线 $q=f[g(T)]$ 的基础。热负荷随室外温度变化曲线［即 $q=f(t_w)$ 曲线］基本是线性的，比较简单。室外温度变化的持续时间数据的取得比较烦琐，最好取连续三年数据的平均值。

第二节　热负荷的调查与核实

在进行供热工程设计时，首先需要对热用户进行热负荷的调查与核实。

一、热负荷调查的内容

对于工业用户，要了解用汽参数、用汽量，调查的主要数据包括采暖期和非采暖期的最大、平均、最小热负荷值；生产班制；检修时间，同时明确是全厂性停产检修，还是轮流检修；用热的规律性，即一天之间的变化情况；主要产品的产量；单位产品的耗热量；对热负荷连续性的要求；产品的市场前景等。另外，还需调查现有锅炉的台数、型号、建成年月、容量、参数、蒸汽生产量（或锅炉给水量）、回水量；用煤量，包括年用煤量、月用煤量、日用煤量、生产班次用煤量、最大与最小的小时用煤量；原煤低位发热量；年运行时间；采暖或制冷的建筑面积、热指标和计算温度等。

对于采暖热负荷，主要是向城市规划与建设部门了解各类需采暖的建筑物面积；向煤炭公司了解每个采暖期的用煤量与原煤低位发热量；了解是连续供暖还是间歇供暖；有无热水负荷等。

将上述内容列成热负荷调查表，如表 2-1 和表 2-2 所示。将调查表下发给热用户填写，或者设计人员到户进行调查时填写。

表 2-1　　　　　　　　　　　采暖热负荷调查表　　　　　　　　　　　　m²

序号	小区名称	现状采暖面积				近期采暖面积			
		民用		公用		民用		公用	
		平房	楼房	平房	楼房	平房	楼房	平房	楼房

表 2-2　　　　　　　　　　　　　　　生产热负荷调查表

现有锅炉情况

序号	型号	压力(MPa)	温度(℃)	出力(t/h)	台数(台)	安装时间	上一年度耗煤量(t)	低位发热量(kJ/kg)	人员数(人)	生产班制	上一年度运行时间(h)	年用电量(kWh)	备注
1													
2													
3													

用汽情况

现状用汽负荷(t/h)						近期用汽负荷(t/h)					
采暖期		制冷期		非采暖制冷期		采暖期		制冷期		非采暖制冷期	
最大	平均	最小	最大	平均	最小	最大	平均	最小	最大	平均	最小	最大	平均	最小	最大	平均	最小

现有生产采暖面积(m²)		近期生产采暖面积(m²)		现有非生产采暖面积(m²)		近期非生产采暖面积(m²)	

生产检修情况

大修			小修		
每年次数	每次耗时(h)	检修方式	每年次数	每次耗时(h)	检修方式

主要产品产量及单耗

名称	年产量(t)	单耗(t/t)	名称	年产量(t)	单耗(t/t)	名称	年产量(t)	单耗(t/t)

值得指出的是，调查生产热负荷时，之所以花很大力气调查现有锅炉情况，一是因为热负荷的参数与供热蒸汽（热水）参数相关，被替代锅炉的蒸汽（热水）参数基本与替代后的蒸汽（热水）参数相同（差别仅在于替代热源更加低碳和环保）；二是锅炉企业一般由专业人士运行，甚至有详细的记录，比较容易调研获得高质量的技术数据。

二、 热负荷的核实

热负荷的核实工作非常重要。用户填写的调查表往往由于以下原因不够准确：有的填表人员对所调查内容并不全面了解，填写时可能有随意性；担心供热量不能满足要求，因而夸大耗热量；未考虑市场情况及产品节能降耗情况。

热负荷的核实过程就是设计人员赴现场向热用户做面对面的调查，核实其填报材料的准确性，反复验证、计算、比较、求实的过程。往往需要从不同的角度计算热负荷，以核定热负荷的准确性。

<h1 style="text-align:center">第三节 热负荷的计算</h1>

一、工程标准和软件对采暖热负荷的计算

（一）工程标准对民用建筑热负荷的计算

《民用建筑供暖通风与空气调节设计规范》（GB 50736—2012）、《建筑节能与可再生能源利用通用规范》（GB 55015—2021）等标准对民用建筑的热负荷计算进行了规定，这里做简要的介绍。

冬季供暖通风系统的热负荷应根据建筑物下列散失和获得的热量确定：围护结构的耗热量、加热由外门和窗缝隙渗入室内的冷空气耗热量、加热由外门开启时经外门进入室内的冷空气耗热量、通风耗热量、通过其他途径散失或获得的热量。

围护结构的耗热量应包括基本耗热量和附加耗热量，其中，基本耗热量应按式（2-1）计算，即

$$q = \alpha S K (t_N - t'_w) \tag{2-1}$$

式中 q——围护结构的基本耗热量，W；

α——围护结构温差修正系数，与围护结构特征相关，外墙、屋顶、地面以及与室外相通的楼板等 $\alpha=1$，其余取值见《民用建筑供暖通风与空气调节设计规范》（GB 50736—2012）中表 5.2.4；

S——围护结构的面积，m^2；

K——围护结构的传热系数，W/(m·K)；

t_N——供暖室内设计温度，按《民用建筑供暖通风与空气调节设计规范》（GB 50736—2012）中"3 室内空气设计参数"取值，一般为 18℃；

t'_w——供暖室外计算温度，按《民用建筑供暖通风与空气调节设计规范》（GB 50736—2012）"4 室外设计计算参数"取值，℃。

注：当已知或可求出冷侧温度时，t'_w 一项可直接用冷侧温度值代入，不再进行 α 值修正。

围护结构的传热系数应按式（2-2）计算，即

$$K = \cfrac{1}{\cfrac{1}{\alpha_n} + \sum \cfrac{\delta}{\alpha_\lambda \lambda} + R_k + \cfrac{1}{\alpha_w}} \tag{2-2}$$

式中 K——围护结构的传热系数，W/(m²·K)；

α_n——围护结构内表面换热系数，按《民用建筑供暖通风与空气调节设计规范》（GB 50736—2012）表 5.1.8-1 取值，W/(m²·K)；

δ——围护结构各层材料厚度，m；

α_λ——材料导热系数修正系数，按《民用建筑供暖通风与空气调节设计规范》（GB 50736—2012）表 5.1.8-3 取值；

λ——围护结构各层材料导热系数，W/(m·K)；

R_k——封闭空气间层的热阻，按《民用建筑供暖通风与空气调节设计规范》（GB 50736—2012）表 5.1.8-4 取值，m^2·K/W；

α_w——围护结构外表面换热系数，按《民用建筑供暖通风与空气调节设计规范》（GB 50736—2012）表 5.1.8-2 取值，W/(m^2·K)。

与相邻房间的温差大于或等于 5℃，或通过隔墙和楼板等的传热量大于该房间热负荷的 10% 时，应计算通过隔墙或楼板等的传热量。

《民用建筑供暖通风与空气调节设计规范》（GB 50736—2012）、《建筑节能与可再生能源利用通用规范》（GB 55015—2021）等标准中，还给出了大量建筑围护结构的传热系数值。

围护结构的附加耗热量应按其占基本耗热量的百分率确定。

（二）工程标准对工业建筑热负荷的计算

工业建筑热负荷计算的思路与民用建筑的思路类似。《工业建筑供暖通风与空气调节设计规范》（GB 50019—2015）等标准有相关的规定，这里进行简要的介绍。

冬季供暖通风系统的热负荷应根据建筑物下列耗热量和得热量确定：围护结构的耗热量；加热由门窗缝隙渗入室内的冷空气的耗热量；加热由门、孔洞及相邻房间侵入的冷空气的耗热量；水分蒸发的耗热量；加热由外部运入的冷物料和运输工具的耗热量；通风耗热量；最小负荷班的工艺设备散热量；热管道及其他热表面的散热量；热物料的散热量；通过其他途径散失或获得的热量。不经常的散热量可不计算。经常而不稳定的散热量应采用小时平均值。

围护结构的基本耗热量公式与民用建筑的耗热量公式相同。

围护结构的传热系数公式与民用建筑的传热系数基本相同，其差别主要在于，增加了热桥影响的系数 ϕ，其按式（2-3）计算，即

$$K = \frac{\phi}{\dfrac{1}{\alpha_n} + \sum \dfrac{\delta}{\alpha_\lambda \lambda} + R_k + \dfrac{1}{\alpha_w}} \tag{2-3}$$

式中 ϕ——考虑热桥影响，对主断面传热系数的修正系数。热桥是指处在外墙和屋面等围护结构中的钢筋混凝土或金属梁、柱、肋等部位。因这些部位传热能力强，热流较密集，内表面温度较低，故称为热桥。

其余字符的意义及单位见前文式（2-2）。

（三）各类软件对建筑热负荷的计算

可以通过软件来计算建筑结构的热负荷，一般计算建筑热负荷所需要的参数包括建筑的尺寸和形状，包括建筑的面积、高度、体积、墙体面积和朝向等；建筑材料的特性，如导热系数、密度、热容等。建筑的外部环境条件，如气温、太阳辐射、风速等；建筑的内部热负荷，如人员数量、照明、电器设备、烹饪设施条件等；建筑的暖通空调系统特性，如供暖方式、空调容量、风量等。这些参数可以通过建筑设计图纸、测量数据或者仿真软件等方式获取。

目前比较著名的能耗模拟软件有 ESP-R、BLAST、DOE-2、EnergyPlus、TRNSYS、DeST、IES VE、DesignBuilder、OpenStudio 等。

ESP-R 是英国 Strathclyde 大学 ESRU 研究所于 20 世纪 70 年代开发的大型集成建筑热环境模拟软件。ESP-R 的模拟结果和世界上其他著名模拟软件（如 DOE-2）一起经过了一系列的国际模拟验证，是国际上公认的最优秀的建筑热环境模拟软件之一。

BLAST（Building Loads Analysis and System Thermodynamics）是由美国国防部（Department of Defense）资助和建筑工程实验室（The Construction Engineering Research Laboratory）开发的建筑能耗模拟软件。BLAST 可以用来预测建筑的供暖空调能耗及分析其自能源消耗费用，可用于审查新建建筑或改造建筑的能耗性能。

DOE-2 也是一个功能非常强大的建筑能耗模拟软件。它是在美国能源部（Department of Energy）财政支持下，由劳伦斯伯克力国立实验室（Lawrence Berkeley National Laboratory，LBNL）模拟研究小组开发。采用 FORTRAN 语言编写。20 世纪 70 年代末投入运行，经不断维护补充。它的出现在建筑能耗模拟软件发展的历史上具有重大意义，曾经是公认的最权威、最经典的建筑能耗模拟软件之一，被很多能耗模拟软件，如 QUEST、EnergyPlus 等借用和引用。DOE-2 通过输入当地的逐时气象参数及对建筑及设备的描述等就可以预测建筑的逐时能耗和费用。

EnergyPlus 由美国能源部（Department of Energy）和美国劳伦伯克利国家实验室（Lawrence Berkeley National Laboratory，LBNL）等科研机构共同开发，整合了 DOE-2 和 BLAST 的优点，并加入了很多新的功能。EnergyPlus 被认为是一个全新的用来替代 DOE-2 的建筑能耗分析软件。对于 EnergyPlus 软件来说，输入建筑及相关基础系统等的相关参数之后，即可模拟计算维持设定室内空气的温度所需的冷热量、设备装置的能耗等。

TRNSYS 软件由美国威斯康星大学（Wisconsin-Madison University）与太阳能利用研究室（Solar Energy Laboratory）的研究人员开发，并在欧洲一些研究所的共同努力下逐步完善。TRNSYS 的全称为 Transient System Simulation Program，即瞬时系统模拟程序。TRNSYS 采用了和 Energy Plus 以及 DOE-2 等软件完全不同的设计思路，即 TRNSYS 立足于暖通空调系统而不是建筑，可以模拟建筑能耗也可以仿真暖通空调系统。该软件的最大特色在于其模块化的分析方式，即认为所有热传输系统均由若干个细小的系统（即模块）组成，一个模块实现一种特定的功能，如太阳能集热器模块、水泵模块、制冷机组模块、风机模块等。因此，在进行试验研究时只需要调用实现这些特定功能的模块，根据模块之间的关系建立连接，并设定所建立的系统的输入参数，这些模块程序就可以对某种特定热传输现象进行模拟，最后汇总就可对整个系统进行瞬时模拟分析。例如，对于太阳能供暖系统的模拟，EnergyPlus 里只有一个平板集热器的模块，而 TRNSYS 则几乎可以模拟所有的太阳能供暖系统。TRNSYS 的另一个优点则是可以调用 Matlab。利用 Matlab 自带的工具箱，可以实现更复杂的系统控制。最新版本的 TRNSYS 还可以连接 Python。

DeST（Designer's Simulation Toolkit）为清华大学建筑环境与设备工程研究所研发

的建筑物能耗分析及设计的软件包。该软件的模拟计算过程借助 AutoCAD 软件，并研发了图形化的用户界面，用户可以通过该界面对建筑物的外观进行描述。该软件可以对水力计算、系统方案、建筑物以及空调系统进行仿真模拟。在我国，EnergyPlus 和 DeST 最常被使用。

IES VE 则是一款英国能耗模拟软件。除了能耗模拟，IES VE 也可以做室内、室外的 CFD 模拟，对室内的照明进行分析。功能比较齐全，在一个软件里面可以做到 3D 模型建立、能耗模拟、CFD 模拟、光照模拟，而且数据之间互通，比如能耗模拟的结果可以直接导入到 CFD 模拟里作为边界条件。

DesignBuilder 是一款基于 EnergyPlus 二次开发的能耗模拟软件。提供了比较友好的输入、输出界面。有些研究者会使用 DesignBuilder 来建立 idf 格式的输入文件，相较于 EnergyPlus 的输入更加直观。DesignBuilder 自身带有优化功能，可以优化设计参数。

OpenStudio 是由美国能源部可再生能源实验室开发的集成 EnergyPlus 和 Radiance 的建筑能耗模拟软件。OpenStudio 基于 EnergyPlus 的可视化用户界面，与 DesignBuilder 很像。OpenStudio 使用 SketchUp 建立三维几何模型。

此外，还有 Honeybee/Ladybug/Butterfly、SRES/SUN、SERIRES、S3PAS、TASE、Apache Sim 等，限于篇幅，不再深入介绍。

有学者对不同软件之间的计算结果进行了比较，例如，文献[3]使用 9 种能耗模拟软件对相同的案例进行模拟，并分析了模拟结果。基于此可以对模拟软件之间的不同有一个大概的认识。限于篇幅，主要介绍基础方案 Case600 条件和结果。

Case600 构建的建筑物尺寸和形状如图 2-4 所示。

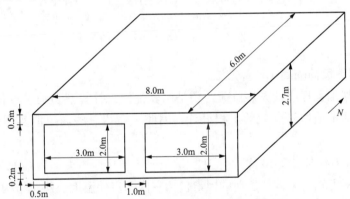

图 2-4 Case600 构建的建筑物尺寸和形状

不同的模拟软件均对 Case600 进行计算，设置相同的建筑物尺寸和形状，设定相同的材料及各种参数，以及相同的内外部温度等条件，以构建一个共同的计算对象。相同条件下不同软件计算的最大热负荷对比如图 2-5 所示，相同条件下不同软件计算的年耗热量对比如图 2-6 所示。

由图 2-5 和图 2-6 可知，各软件计算的热负荷、年耗热量有所差异，但误差在工程可接受范围内。

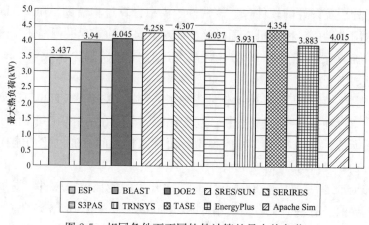

图 2-5　相同条件下不同软件计算的最大热负荷

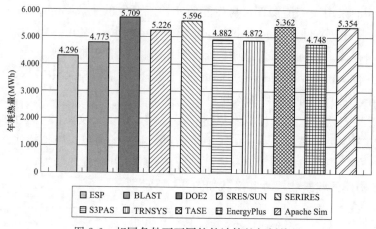

图 2-6　相同条件下不同软件计算的年耗热量

二、 采暖热负荷的简化计算方法

无论是根据工程标准计算热负荷，还是用软件模拟计算热负荷，过程都比较复杂，甚至过于精致而不适用于一般的工程设计，因此，介绍一些简单但实用的热负荷计算方法。

（一）根据热指标计算热负荷

由前文分析可知，影响热负荷的因素包括室内和室外温度、建筑结构和朝向、建筑内部热源和内外冷热空气流通等。

如果忽略建筑结构和朝向、建筑内部热源和内外冷热空气流通方面的细微差异，而将其归结于地域、建筑物种类等造成的类型差异，给出各地域或各类型建筑的热指标值，就可以极大地简化热负荷的计算。

将复杂的建筑传热过程简化为线性过程，在不同室外温度条件下有 $\dfrac{q}{t_N - t_w} = \dfrac{q'}{t_N - t_w'}$，则采暖热负荷用室外温度计算的方程为

$$q = \frac{t_N - t_w}{t_N - t_w'} q' \qquad (2\text{-}4)$$

式中　q——任意室外温度 t_w 对应的采暖热负荷，W；

　　　t_N——供暖室内设计温度，按《民用建筑供暖通风与空气调节设计规范》（GB 50736—2012）"3 室内空气设计参数"取值，一般为 18℃；

　　　t_w——任意室外温度，实际的外部环境温度，℃；

　　　t_w'——供暖室外计算温度，按《民用建筑供暖通风与空气调节设计规范》（GB 50736—2012）"4 室外设计计算参数"取值，采用历年平均不保证 5 天的日平均温度，为基于气象统计、与地区有关的标准值，℃；

　　　q'——采暖计算热负荷，或称为采暖设计热负荷，当室外温度为 t_w'，为保持室内温度为 t_N 时的热负荷。t_w' 为历年不保证 5 天的日平均温度，可认为是地区最低温度，故 q' 可认为是最大采暖热负荷（不是真正的最低温度和最大采暖热负荷），W。

由式（2-4）可知，只需要知道采暖计算热负荷 q' 和供暖室外计算温度 t_w' 即可计算任意室外温度 t_w 对应的采暖热负荷 q。供暖室外计算温度 t_w' 是一个统计数据，在《民用建筑供暖通风与空气调节设计规范》（GB 50736—2012）中可以查到我国各地级市（区）的数据。采暖计算热负荷 q' 可通过采暖热指标得出。

《城镇供热管网设计标准》（CJJ/T 34—2022）规定了民用建筑的供暖热负荷的计算方法，即

$$q' = \frac{dq}{dS} S \qquad (2\text{-}5)$$

式中　q'——采暖计算热负荷，W；

　　　$\dfrac{dq}{dS}$——供暖热指标，W/m²；

　　　S——供暖建筑物的建筑面积，m²。

实际上它也定义了采暖热指标的概念。供暖热指标推荐值如表 2-3 所示。

表 2-3　　　　　　　　　　　　　供暖热指标推荐值　　　　　　　　　　　　　W/m²

建筑物类型	热指标		
	未采取节能措施	采取二步节能措施	采取三步节能措施
居住	58～64	40～45	30～40
居住区综合	60～67	45～55	40～50
学校、办公	60～80	50～70	45～60
医院、托幼	65～80	55～70	50～60
旅馆	60～70	50～60	4555
商店	65～80	55～70	50～65
影剧院、展览馆	95～115	80～105	70～100
体育馆	115～165	100～150	90～120

注　1. 表中数值适用于我国严寒和寒冷地区。

　　2. 热指标中已包括约 5% 的管网热损失。

　　3. 被动式节能建筑的供暖热负荷应根据建筑物实际情况确定。

（二）哈尔滨建筑工程学院提出的热负荷计算近似公式

哈尔滨建筑工程学院提出了热负荷计算近似公式，只需要供暖室外计算温度 t'_w、平均室外温度 $\bar{t}_w$、采暖期天数 N 即可绘制出采暖热负荷持续曲线，根据文献[4]研究，其相对热负荷平均偏差不超过 $\pm1\%$，最大偏差率一般不超过 $\pm5\%$，采暖期总耗热量的相对误差在 $1.74\%\sim2.85\%$ 范围内。

该近似公式为

$$t_w = \begin{cases} t'_w & N' \leqslant 5 \\ \bar{t}_w + (5 - t'_w)R_n & 5 < N' \leqslant N \end{cases} \tag{2-6}$$

$$q = \begin{cases} q' & N' \leqslant 5 \\ (1 - \beta_0 R_n^b)q' & 5 < N' \leqslant N \end{cases} \tag{2-7}$$

式中　t_w——任意室外温度，实际的外部环境温度，℃；

$\quad t'_w$——供暖室外计算温度，按《民用建筑供暖通风与空气调节设计规范》（GB 50736—2012）"4 室外设计计算参数"取值，采用历年平均不保证 5 天的日平均温度，为基于气象统计、与地区有关的标准值，℃；

$\quad \bar{t}_w$——平均室外温度，℃；

$\quad R_n$——无因次参数，代表无因次天数，$R_n = \dfrac{N' - 5}{N - 5} = \dfrac{T' - 120}{T - 120}$，$N'$ 为延续天数，即某地采暖期内室外温度等于或低于 t_w 的天数，T' 为 N' 对应的小时数，$T' = 24N'$；N 为采暖期天数，T 为 N 对应的小时数，$T = 24N$；

$\quad q$——任意室外温度 t_w 对应的采暖热负荷，W；

$\quad q'$——采暖计算热负荷，当室外温度为 t'_w，为保持室内温度为 t_N 时的热负荷，因为 t'_w 为历年不保证 5 天的日平均温度，可认为是地区最低温度，故 q' 可认为是最大采暖热负荷（不是真正的最低温度和最大热负荷），W；

$\quad \beta_0$——系数，$\beta_0 = \dfrac{5 - t'_w}{18 - t'_w}$，$t'_w$ 为供暖室外计算温度；

$\quad b$——采暖修正系数，$b = \dfrac{5 - \mu\bar{t}_w}{\mu\bar{t}_w - t'_w}$，其中，$\mu$ 为修正系数，$\mu = \dfrac{N}{N - 5} = \dfrac{T}{T - 120}$。

供暖室外计算温度 t'_w、平均室外温度 $\bar{t}_w$、采暖期天数 N 等参数均可以从《民用建筑供暖通风与空气调节设计规范》（GB 50736—2012）查得，继而可以计算 R_n、b、μ、β_0。

（三）利用单位面积耗热量替代热负荷的计算

计算热负荷的目的，往往是计算耗热量（或耗能量、耗电量），为项目经济性计算奠定基础。为计算耗热量，除了热指标，还需要获得热用户所在区域在采暖季的逐时温度、供热设备的热效率等参数，数据越多，计算过程越复杂，掺入的主观因素就越多，可能的偏差就越大。

既然热负荷计算的最终目的是计算耗热量，那么从"第一性原理"出发，可以考虑直接获得单位面积耗热量计算总耗热量。

当然，直接从某个单位面积耗热量的数值计算总热耗，其适用范围必然狭窄，这也是很少有工程标准给出单位面积耗热量数值用于计算总耗热量的原因，单位面积耗热量的概念更多地用于统计已建供热系统的耗热情况。

但特定情况下，只要对供热对象、热源类型进行足够细的区分，由单位面积耗热量计算总耗热量的方法不仅更简捷，而且与实际的偏差更小。文献[5]，基于调研，设定的北京市电采暖供热对象的每年单位面积耗电量数据如表 2-4 所示。

表 2-4　　　　　　　　北京市电采暖供热对象的单位面积耗电量数据

供热设备	供热对象	采暖季供热用电 (kWh/m²)	备注
蓄热式 电锅炉	最节能建筑	60	节能设计、保温改造、多层建筑、晚上不供热、位于城区
	一般节能建筑	80	满足最节能建筑的一项或几项，比较节能
	一般建筑	100	节能效果一般，较为常见
	派出所等公共建筑	140	老旧建筑、层高大、不保温、全天用热，人员出入频繁
空气源热泵	一般节能建筑	40	峰谷平用电量 1∶1∶1
	需全天供暖公共建筑	60	
蓄热式 电暖器	节能较好民居	70	全部利用谷电
	节能一般民居	100	
	非节能民居	120	

三、生产热负荷的计算

根据已知条件的不同，生产热负荷有几种不同的计算方法。

（一）已知热用户的产品产量及单位耗热量的热负荷计算

用户的生产热负荷（q_s）等于产品产量乘以产品的单位耗热量，即

$$q_s = \frac{\mathrm{d}q}{\mathrm{d}Z}Z \tag{2-8}$$

式中　q_s——用户的生产热负荷，kW；

$\dfrac{\mathrm{d}q}{\mathrm{d}Z}$——产品单位耗热量，kJ/t 或 kJ/z，t 为重量吨，z 为件数；

Z——单位时间内的产品产量，t/s 或 z/s。

有时只有单位产品的综合能耗数据，包含耗热量和耗电量等，需要除去耗电量的因素。

严格来说，这里的生产热负荷，应该是生产工艺热负荷，即只与生产直接相关的热负荷，对于需要采暖的地区还要考虑生产相关的采暖热负荷。

（二）已知用户的原煤年消耗量和低位发热量的热负荷计算

当热用户的产品种类比较多，而单位产品的耗热量又不十分清楚时，可由用户的年耗煤量（B_1）求出其平均用热量（q_{sp}），则

$$q_{sp} = \frac{B_1 Q_{DW} \eta'_{gl} \eta_{gd}}{H_s} \times 10^{-3} \tag{2-9}$$

式中　q_{sp}——用户的平均用热量，GJ/h；

　　　B_1——用户年耗煤量，t；

　　　Q_{DW}——原煤低位发热量，kJ/kg；

　　　η'_{gl}——分散供热锅炉年平均效率，$30\% \sim 70\%$；

　　　η_{gd}——管道效率，一般取 98%；

　　　H_s——用户年用汽时间，h。

上述数据都可以从热用户调查和核实得来。

其中，η'_{gl}值不能取值过高，不能取热力实验值或设计效率值，应取实际运行的年平均效率，要考虑负荷率的不足，甚至停炉、压火等带来的效率低下等因素。另外还有锅炉排污量大的问题，应该深入锅炉房调查核实。

（三）已知锅炉生产的蒸汽量或给水流量的热负荷计算

用户的用汽量（D_s）可以根据用户的蒸汽流量表数据得出，当用户无蒸汽流量表时，也可根据锅炉的给水流量数据，扣除锅炉排污量得出，即

$$D_s = D'(1 - \xi) \tag{2-10}$$

式中　D_s——用户的用汽量，t/h；

　　　D'——用户给水流量，t/h；

　　　ξ——锅炉排污率，一般在 $1\% \sim 3\%$。

基于用户用汽量，可以计算生产热负荷，即

$$q_s = D_s [i'_{gl} - \bar{t}_{bs} - \Psi(\bar{t}_h - \bar{t}_{bs})] \times 10^{-3} \tag{2-11}$$

式中　q_s——用户的生产热负荷，GJ/h；

　　　D_s——用户的用汽量，t/h；

　　　i'_{gl}——用户锅炉出口饱和蒸汽焓，kJ/kg；

　　　$\bar{t}_{bs}$——用户锅炉补充水焓，可取 $\bar{t}_{bs} = 60$kJ/kg；

　　　Ψ——热网凝结水回水率，%；

　　　$\bar{t}_h$——用户凝结水回水焓，kJ/kg。

四、根据热负荷最大值、最小值和平均值获得热负荷持续曲线

热负荷持续曲线是进行供热设计和计算的基础。一般通过热负荷调研获取热负荷持续曲线，但有时仅能获取最大热负荷、平均热负荷及最小热负荷等少量数据。那么，是否可以通过已知的最大热负荷、平均热负荷、最小热负荷构造接近实际的热负荷持续曲线，从而获得任意持续时间对应的热负荷，很方便地进行理论计算呢？本小节即解决这一问题。

（一）生产热负荷

如前所述，生产热负荷的热介质主要采用蒸汽，蒸汽供热时，经常将蒸汽流量 D（单位一般为 t/h）直接作为热负荷的度量。

对于工业生产而言，采暖季和非采暖季的生产内容一般基本相同，只是因为环境温度的影响，同等情况下非采暖季生产热负荷的用热量更小一些。可以将采暖季生产热负荷和非采暖季生产热负荷合在一起，绘制一条热负荷持续曲线，但这样就会完全隐藏采暖季和非采暖季的差异，因此可以分别绘制采暖季生产热负荷和非采暖季生产热负荷持续曲线，进而可以将采暖季生产热负荷持续曲线绘制在 $0 \sim T'$ 区间，非采暖季生产热负荷持续曲线绘制在 $T' \sim T''$ 区间，即采用 1 张图简洁地体现采暖季生产热负荷和非采暖季生产热负荷持续曲线。

1. 采暖季生产热负荷

由前文可知，热负荷持续曲线都是减函数曲线（严格来说是"不增"的函数），曲线外观都比较类似，曲线下的面积代表供热量，与热负荷的平均值有关。

典型的热负荷持续曲线如图 2-7 所示。

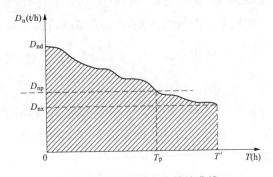

图 2-7　典型的热负荷持续曲线

根据热负荷持续曲线的性质，基于最大热负荷、平均热负荷、最小热负荷，考虑构造幂函数 $D_n = a - bT^M$ 来近似此热负荷持续曲线。之所以采用幂函数，是因为它微分、积分都很方便。

最大热负荷为

$$D_n(0) = a - b \cdot 0^M = D_{nd} \tag{2-12}$$

最小热负荷为

$$D_n(T') = a - b \cdot T'^M = D_{nx} \tag{2-13}$$

热负荷持续曲线下的面积，以及它与平均热负荷的关系为

$$S = \int_0^{T'} D_n \mathrm{d}T = \int_0^{T'} (a - bT^M)\mathrm{d}T = D_{np}T' \tag{2-14}$$

3 个方程，3 个未知数，最终可以求得 $a = D_{nd}$，$b = \dfrac{D_{nd} - D_{nx}}{(T')^M}$，$M = \dfrac{D_{nd} - D_{nx}}{D_{nd} - D_{np}} - 1 = \dfrac{D_{np} - D_{nx}}{D_{nd} - D_{np}}$。

各参数代回 $D_n = a - bT^M$，采暖季生产热负荷及其表达式为

$$D_n = (1 - B_{ns}T^M)D_{nd} \tag{2-15}$$

$$B_{ns} = \frac{1 - \dfrac{D_{nx}}{D_{nd}}}{(T')^M} = \frac{1 - \overline{D}_{nx}}{(T')^M}$$

$$M = \frac{1 - \overline{D}_{nx}}{1 - \overline{D}_{np}} - 1$$

$$\overline{D}_{nx} = \frac{D_{nx}}{D_{nd}}$$

$$\overline{D}_{np} = \frac{D_{np}}{D_{nd}}$$

式中　　　　D_n——采暖季生产热负荷，t/h；

　　　　　　B_{ns}——生产热负荷采暖季综合系数；

　　　　　　T——任意负荷延时时刻（$T \leqslant T'$），h；

　　　　　　M——采暖季延时数指数；

D_{nd}、D_{np}、D_{nx}——采暖期的生产最大热负荷、平均热负荷、最小热负荷。其中，平均热负荷的定义式 $D_{np} \triangleq \dfrac{S}{T'}$，$S$ 为总供热量，对应热负荷持续曲线下的面积，t/h；

　　　　　　$\overline{D}_{nx}$——采暖季最小负荷与最大负荷的比值，可简称采暖季最小负荷相对比；

　　　　　　$\overline{D}_{np}$——采暖季平均负荷与采暖季最大负荷的比值，可简称采暖季平均负荷相对比；

　　　　　　T'——采暖期总延时数，即热负荷持续曲线横坐标总长度，h。

由 $D_n = (1 - B_{ns}T^M)D_{nd}$，令 $D_n = D_{np}$，可以求出平均热负荷的延时小时数 $T_p = \left(\dfrac{1 - \overline{D}_{np}}{B_{ns}}\right)^{\frac{1}{M}}$。

在该系列公式中，已知量为采暖期的生产最大热负荷 D_{nd}、平均热负荷 D_{np}、最小热负荷 D_{nx}、采暖期总延时数 T'，由此可以计算采暖季最小负荷与最大负荷比 $\overline{D}_{nx}$、采暖季平均负荷与采暖季最大负荷的比值 $\overline{D}_{np}$ 等中间参数，进而计算采暖季延时数指数 M、生产热负荷采暖季综合系数 B_{ns} 等参数，最终结论为式（2-15），它是一个幂函数表达式，可以方便地进行积分以计算总用汽量。

将式（2-15）对时间积分，可计算采暖季生产热负荷任意区段总用汽量为

$$\int_{T_q}^{T_z} D_n \mathrm{d}T = \int_{T_q}^{T_z} D_{nd}(1 - B_{ns}T^M)\mathrm{d}T$$

$$= D_{nd}\left\{(T_z - T_q) - \frac{B_{ns}}{M+1}\left[T_z^{(M+1)} - T_q^{(M+1)}\right]\right\} \tag{2-16}$$

当 $T_q = 0$，$T_z = T'$ 即可获得采暖季总用汽量，则

$$\int_0^{T'} D_n dT = \left[T' - \frac{B_{ns}}{M+1} T'^{(M+1)} \right] D_{nd} \qquad (2\text{-}17)$$

式中　T_q、T_z——采暖季任意时段的起点、终点延时数，h；

$\qquad\quad D_n$——采暖季生产热负荷，t/h；

$\qquad\quad T$——任意负荷延时数时刻（$T \leqslant T'$），h；

$\qquad\quad D_{nd}$——采暖期的生产最大负荷，t/h；

$\qquad\quad B_{ns}$——生产热负荷采暖季综合系数；

$\qquad\quad M$——采暖季延时数指数；

$\qquad\quad T'$——采暖期总延时数，即热负荷持续曲线横坐标总长度，h。

2. 非采暖季生产热负荷

非采暖季生产热负荷与采暖季生产热负荷的情况类似，只是曲线在横坐标方向平移了 T'。

非采暖季生产热负荷的表达式为

$$D_f = \left[1 - B_{fs} (T - T')^N \right] D_{fd} \qquad (2\text{-}18)$$

$$B_{fs} = \frac{1 - \overline{D}_{fx}}{(T'' - T')^N}$$

$$N = \frac{1 - \overline{D}_{fx}}{1 - \overline{D}_{fp}} - 1$$

$$\overline{D}_{fx} = \frac{D_{fx}}{D_{fd}}$$

$$\overline{D}_{fp} = \frac{D_{fp}}{D_{fd}}$$

将式（2-18）对时间积分，非采暖季任意时段总负荷量为

$$\int_{T_q}^{T_z} D_f dT = \int_{T_q}^{T_z} D_{fd} \left[1 - B_{fs} (T - T')^N \right] d(T - T')$$

$$= D_{fd} \left\{ (T_z - T') - (T_q - T') - \frac{B_{fs}}{N+1} \left[(T_z - T')^{(N+1)} - (T_q - T')^{(N+1)} \right] \right\}$$

$$= D_{fd} \left\{ (T_z - T_q) - \frac{B_{fs}}{N+1} \left[(T_z - T')^{(N+1)} - (T_q - T')^{(N+1)} \right] \right\}$$

$$\qquad (2\text{-}19)$$

令 $T_q = T'$，$T_z = T''$ 可计算非采暖季总负荷量，即

$$\int_{T'}^{T''} D_f dT = D_{fd} \left\{ (T'' - T') - \frac{B_{fs}}{N+1} \left[(T'' - T')^{(N+1)} - (T'' - T')^{(N+1)} \right] \right\} \qquad (2\text{-}20)$$

$$= D_{fd} \left[(T'' - T') - \frac{B_{fs}}{N+1} (T'' - T') \right]$$

全年生产总用汽量为

$$D_a = \int_0^{T'} D_n dT + \int_{T'}^{T''} D_f dT \qquad (2\text{-}21)$$

41

式中　　　D_f——非采暖季生产热负荷，t/h；

　　　　　B_{fs}——生产热负荷非采暖季综合系数；

　　　　　T——任意负荷延时数（$0 \leqslant T \leqslant T''$），其中，在采暖期 $0 \leqslant T \leqslant T'$，在非采暖期 $T' \leqslant T \leqslant T''$，h；

　　　　　T'——非采暖季的起点（也是采暖季的终点）的延时时刻，h；

D_{fd}、D_{fp}、D_{fx}——非采暖季最大负荷、平均负荷和最小负荷，t/h；

　　　　　$\overline{D}_{fx}$——非采暖季最小负荷与最大负荷比值（最小负荷相对比）；

　　　　　T''——非采暖季的终点延时数，h；

　　　　　N——非采暖季延时数指数；

　　　　　$\overline{D}_{fp}$——非采暖季平均负荷与最大负荷比值（平均负荷相对比）；

　　　T_q、T_z——非采暖季任意时段的起，终点延时数，h；

　　　　　D_a——全年生产热负荷总用汽量，t/a。

（二）采暖热负荷

如前所述，采暖热负荷可以用蒸汽或热水作为热介质，因此，讨论采暖热负荷时，一般不像蒸汽热负荷那样直接采用蒸汽流量作为热负荷，而应该采用专门热负荷物理量 q（单位为 GJ/h 或 MW）。

根据第二章第三节二、采暖热负荷的简化计算方法的分析，在不同室外温度条件下有 $\dfrac{q}{t_N - t_w} = \dfrac{q'}{t_N - t'_w}$，则采暖热负荷用室外温度计算的方程为

$$q = \frac{t_N - t_w}{t_N - t'_w} q' \tag{2-22}$$

式中　q——任意室外温度 t_w 对应的采暖热负荷，GJ/h；

　　　t_N——供暖室内设计温度，按《民用建筑供暖通风与空气调节设计规范》（GB 50736—2012）"3 室内空气设计参数"取值，一般为 18℃；

　　　t_w——任意室外温度，实际的外部环境温度，℃；

　　　t'_w——供暖室外计算温度，按《民用建筑供暖通风与空气调节设计规范》（GB 50736—2012）"4 室外设计计算参数"取值，采用历年平均不保证 5 天的日平均温度，为基于气象统计、与地区有关的标准值，℃；

　　　q'——采暖计算热负荷，当室外温度为 t'_w，为保持室内温度为 t_N 时的热负荷，因为 t'_w 为历年不保证 5 天的日平均温度，可认为是地区最低温度，故 q' 可认为是最大采暖热负荷（不是真正的最低温度和最大热负荷），GJ/h。

与前文生产热负荷思路类似，可建立采暖热负荷-延时时间的关系方程，即

$$q = [1 - B(T - 120)^n] q' \tag{2-23}$$

式中　q——任意延时数的采暖热负荷，GJ/h；

　　　B——采暖综合系数；

　　　T——采暖期内延时数，h；

120——即不保证 5 天的小时数（5 天×24h/天＝120h），采暖热负荷持续曲线中，0～120h 时室外温度更低，但认为其热负荷均为该 120h 之外的最大热负荷（即所谓"不保证"）；

$T-120$——延时时间平移 120h；

n——采暖延时数指数，定义见式（2-25）；

q'——采暖计算热负荷，相当于前文生产热负荷的最大热负荷 D_{nd} 或 D_{fd}，GJ/h。

采暖综合系数的定义为

$$B=\frac{1-\overline{q}_x}{(T'-120)^n}\qquad(2\text{-}24)$$

采暖延时数指数的定义为

$$n=\frac{1-\overline{q}_x}{1-\overline{q}_p}-1\qquad(2\text{-}25)$$

其中

$$q_x=\frac{t_N-t_{wq}}{t_N-t'_w}q'\qquad(2\text{-}26)$$

$$\overline{q}_x=\frac{q_x}{q'}=\frac{t_N-t_{wq}}{t_N-t'_w}\qquad(2\text{-}27)$$

$$q_p=\frac{t_N-t_{wp}}{t_N-t'_w}q'\qquad(2\text{-}28)$$

$$\overline{q}_p=\frac{q_p}{q'}=\frac{t_N-t_{wp}}{t_N-t'_w}\qquad(2\text{-}29)$$

式中　$\overline{q}_x$——最小相对热负荷；

T'——采暖期总延时数，即热负荷持续曲线横坐标总长度，h；

$\overline{q}_p$——延时数 120～T'区间平均相对热负荷；

t_N——供暖室内设计温度，按《民用建筑供暖通风与空气调节设计规范》（GB 50736—2012）"3 室内空气设计参数"取值，一般为 18℃；

t_{wq}——采暖季开始采暖的室外温度，一般为 5℃，该温度对应最小采暖热负荷（认为温度高于 5℃则不需要供暖），℃；

t'_w——供暖室外计算温度，按《民用建筑供暖通风与空气调节设计规范》（GB 50736—2012）"4 室外设计计算参数"取值，采用历年平均不保证 5 天的日平均温度，为基于气象统计、与地区有关的标准值，℃；

q_p——采暖期平均负荷，GJ/h；

t_{wp}——采暖期室外平均温度，℃。

将式（2-22）代入式（2-23）中，可以消去 $\overline{q}=\frac{q}{q'}$，建立任意室外温度 t_w 与采暖期内延时数 T 的函数关系，即

$$\frac{t_N-t_w}{t_N-t'_w}=1-B(T-120)^n\qquad(2\text{-}30)$$

延时数 120～T'区间的任意时段的供热量，即

$$\int_{T_q}^{T_z} q\,\mathrm{d}T = \int_{T_q}^{T_z} q'\,\mathrm{d}T - \int_{T_q}^{T_z} Bq'\,(T-120)^n\,\mathrm{d}T \tag{2-31}$$

$$= (T_z - T_q)q' - \frac{Bq'}{1+n}\left[(T_z - 120)^{(1+n)} - (T_q - 120)^{(1+n)}\right]$$

式中　T_q、T_z——延时数 120～T' 区间采暖季任意时段的起点、终点延时数，h。

对于延时数 120～T' 区间的总供热量，令 $T_q=120$、$T_z=T'$，则

$$\int_{120}^{T'} q\,\mathrm{d}T = \left[(T'-120) - \frac{B}{1+n}\,(T'-120)^{(1+n)}\right]q' \tag{2-32}$$

在延时数 0～120h 区间，计算供热量，最简单的供热量计算公式为 $\int_{0}^{120} q\,\mathrm{d}T = 120q'$，即考虑"不保证"的 5 天（120h）内，均按供暖室外计算温度 t'_w 对应的采暖计算热负荷 q' 计算。

实际工程中，在不保证的 5 天内，并不一定按采暖计算热负荷 q' 运行，于是引入系数 k，在延时数 0～120h 区间，供热量为 $\int_{0}^{120} q\,\mathrm{d}T = 60(1+k)q'$，当 $k=1$ 时，即为前文所述 $\int_{0}^{120} q\,\mathrm{d}T = 120q'$，根据工程经验取 $k=1.03$。

综合 0～120h 区间、120～T' 区间，全年采暖季总供热量为

$$Q_{az} = \left[60(1+k) + (T'-120) - \frac{B}{1+n}\,(T'-120)^{(1+n)}\right]q' \tag{2-33}$$

式中　Q_{az}——全年总供热量，GJ/a；

　　　k——系数；

　　　T'——采暖期小时数，h；

　　　B——采暖综合系数；

　　　n——采暖延时数指数；

　　　q'——采暖计算热负荷，GJ/h。

简化 0～120h 区间供热量计算，$k=1$ 时，全年供热量为

$$Q_{az} = \left[120 + (T'-120) - \frac{B}{1+n}\,(T'-120)^{(1+n)}\right]q' \tag{2-34}$$

第四节　供热用户侧节能技术

在保障供暖需求和生活品质的条件下，减少供暖需求的热量，降低热负荷，对于促进集中式低碳清洁供热具有重要意义。

一、建设超低能耗建筑和改造存量不节能建筑

影响建筑供热需求的因素主要包含围护结构传热系数、太阳辐射得热、室内热源、建筑气密性等因素，通过改善建筑结构降低供热（冷）能耗需求是最直接的方式。

对于新建建筑，努力实现超低能耗，应严格按照住房城乡建设部发布的《建筑节能与可再生能源利用通用规范》（GB 55015—2021）执行，在改善围护结构热工性能时，从传热系数及热惰性指标两方面对应控制；根据各房间用能模式及经济因素综合考虑是

否采用内隔墙保温；对于建筑气密性要求，应保证在门窗全部关闭的状态下通过渗透进入室内的新鲜空气量能满足人员健康需要的最小新风量，同时通过优化窗墙比、体形系数等降低采暖能耗需求。此外，可充分采用天然采光，选用高效的供热、新风系统，开展外墙、外门窗、屋面、地下室和地面等的热桥处理等，从需求侧减少供热需求，相应也减少了二氧化碳和其他污染物的排放。

对于既有建筑节能改造，在基准围护结构基础上增加外墙保温、自然通风和百叶遮阳的节能技术，增加灵活可控的外遮阳技术，可以降低热负荷，通过提升建筑气密性，有效减少供热能耗。

二、智慧供热

智慧供热信息技术主要包括围绕监管的信息采集和展示技术、围绕生产的物联网软硬件调控技术，融入大数据、人工智能、云计算、物联网等新一代信息技术。例如，利用大数据可以分析规模庞大的用户室温数据，分析不同区域、不同时段的供热效果特征，对异常点位进行标注；利用人工智能技术分析历史负荷曲线、天气数据对负荷进行预测，指导生产精细化运行；利用云计算解决智慧供热软件的高效部署；利用物联网技术，使调节阀、温度计、热量表等传统供热设施实现经济互联和调控，奠定智慧供热的硬件基础。

前者的典型产品是智慧供热信息监管平台，主要是将供热生产经营过程中的耗量、收费、客服、室温、设备台账等信息进行数字化采集和展示。从监督者、管理者角度出发，实现对供热成本、效果及资产的一系列管控。将传统供热的纸质办公和表单办公提升到数字化水平，实现对生产和运营的实时监控，通过数字化手段提高经营和监管效率。

某智慧供热信息监管平台界面截图如图 2-8 所示。

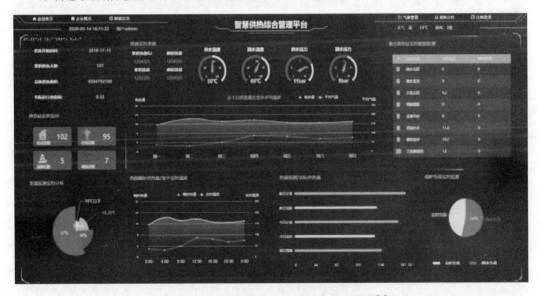

图 2-8　某智慧供热信息监管平台界面截图[1]

后者的典型产品是智慧供热物联网调控技术，通过在楼栋单元口或户前安装物联网阀及热计量表、在户内安装室温监测及调控面板，配合物联网通信技术和人工智能、大数据等数据处理技术，结合天气预测数据和供热历史数据，实现精准的热网输送匹配，解决传统供热调控手段不足导致的冷热不均、过量供热等问题，在治理热耗偏高的同时实现按需供热。

部分智慧供热相关物联网硬件如图 2-9 所示。

(a) 物联网平衡阀　　　　　(b) 热量表　　　　　(c) 温湿度计

图 2-9　智慧供热相关物联网硬件[1]

三、 热计量技术

（一）供热计量发展现状及趋势

供热计量装置对于供热企业开展智慧供热、提升运行管理水平具有重要意义。很多供热公司都依托供热计量装置更精确地掌握供热系统的运行状态，甚至可以了解到每个家庭的室内温度。供热公司可以依据实时数据和天气预定调整气候补偿措施，这可能比气候补偿器更准确。同样，也可以根据建筑的日供热量与室外气象参数的对比，判定气候补偿措施的应用效果。供热公司可以依据楼栋前热量表的流量数据，开展自动水力平衡工作，这比以往每个采暖季 1~2 次的手动水力平衡进步一大步。目前，多数城市供热管理部门或者供热公司，只是得到了海量监控数据，并没有充分挖掘这些数据对于进一步提升管理水平的意义，这在未来几年存在较大提升空间。

调研显示，我国供热计量装置的质量和实际应用水平仍有较大的进步空间。例如，低阻阀门几乎都不能带水带压换阀，阀门需要拆卸下来才能清洗；楼道表箱被物业停电；大口径热计量表具备每天一存数的功能，需要在出厂时计算机设定，但是大量热计量表这项功能都没有开启；供热企业对热计量表的累计流量没有要求，也就没有读取。

（二）各地供热计量节能改造措施及效果

实行供热计量改革对我国降低建筑能耗、提高居民节能意识具有重要意义。针对供热计量改革推行过程中存在的诸多阻碍，各地采取了一定的应对措施，表 2-5 列举了部分措施及取得的效果。

表 2-5　　　　　　　　　　各地供热计量节能措施及效果

供热项目	供热节能方式	节能措施	应用效果
天津供热项目	利用热量表配合平衡阀调节水力平衡	安装平衡阀和超声波流量表，对比系统和楼栋回水温度，计算出流量偏差，指导平衡调节	各楼栋回水温度偏差在 ±1℃ 以内，水力失调度为 0.9~1.1，管网运行工况基本平衡
	智能控温	采用稳定的多集中器无线 GPRS 传输系统进行数据采集，利用大数据分析模块对远传数据进行分析、对比，指导调节及预测	水力工况较为均衡，可降低热耗 5%~10%

供热项目	供热节能方式	节能措施	应用效果
天津供热项目	用户端智能化	开发手机 App，供热用户直观便捷调整	用户个性化调节，便于操作，节能
太原市供热项目	详细标注热用户信息及入住率	标记热用户的朝向及在楼栋中的位置	分析入住率及房间朝向和位置对热耗的影响，为精细化管理提供参考
上海市供热项目	创新水处理方法	研发水处理化学试剂，代替传统钠离子水处理法	防腐、便于供热计量的实施
承德市供热项目	加强对建筑施工及验收环节供热计量系统的把关	供热单位和工程监理部门共同对全过程供热计量系统质量把关	为供热计量系统的正常运行提供了条件
	引入合同能源管理方式	能源服务公司与热用户签订合同，通过提供节能改造和技术服务获得用户的部分节能收益	通过市场化运作的方式实现了能源公司与热用户共享节能收益，同时提高了节能效率

第三章

集中式供热系统调节与供热管网（线）

在第二章中，已经分析了热负荷，本章在此基础上进一步计算供热所需蒸汽量。对于蒸汽供热而言，供热所需蒸汽量即热源输出的蒸汽量（最多考虑焓值的不同、损耗等因素进行折算），这里不再赘述。热水供热的情况较为复杂，需计算热网加热器所需的蒸汽量，涉及供回水温度等参数的计算。

第一节 供热系统和供热管网（线）概况

一、 供热系统和供热管网（线）的基本结构

供热系统由热源、热网和热用户三部分组成。对于热用户，主要关注其热负荷，已在第二章中分析，热源将在第四章、第五章介绍。本章主要讨论热网，热网是供热系统的中枢，本身也可以看成一个供热系统，热网首站中的热网加热器是它的热源，散热器等供热终端是它的热用户。在了解热网基本情况后，本章将分析供热系统的调节。

热网一般包括热网首站（热网加热器）、一级网及一级网循环泵、热力站（一级网和二级网之间的换热器）、二级网及二级网循环泵、热用户（散热器等供热终端）等设施。供热规模小、用户数量少的条件下，如果没有高差导致的水力压裂等问题，可以只设计一级网，即热网首站（热网加热器）直接通过热力管线连接热用户（散热器等供热终端）。供热规模庞大、用户数量非常多时，可能有多级热网。热力站包括区域热力站、小区热力站和用户热力站等，热网首站（热网加热器）至区域热力站为一级网，区域热力站至小区热力站为二级网，小区热力站至用户热力站为三级网，用户热力站至热用户（散热器等供热终端）为四级网。近年出现的大型热电厂长输热水供热管网，将热能长距离输送至城市一级网，可称为零级热网。

此外，热网跑、冒、滴、漏需要补充水，故需配置补水箱、补水泵、深井泵等设备。蒸汽管网中可能有蒸汽凝结，故需配置疏水泵和集水箱（罐）。热网直接连接混水时需要配置水力喷射泵、混水泵、混水阀等设备。为监控供热系统的运行，需要配置温度、压力、流量的传感器，配置调节阀等控制执行设施，并配置集中控制终端等。

典型供热系统的原理如图 3-1 所示。

为简化计，本章最多讨论到两级热网，只对零级网进行简单介绍，也不讨论管网的水力特性等。

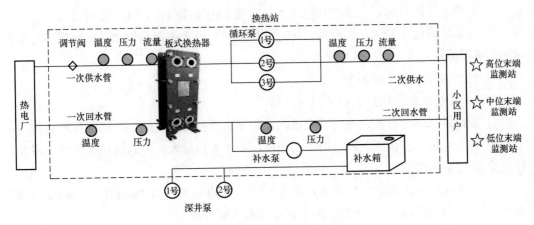

图 3-1 典型供热系统的原理图

二、 供热系统的分类及技术特点

（一）按热媒区分的类别

按热媒不同，供热系统可分为蒸汽供热系统和热水供热系统。

1. 蒸汽供热系统

（1）采用蒸汽作为供热介质的优点包括：

1）因为热媒温度高，热效率高，蒸汽在管内允许流速较大，所以可节省管材和散热器的材料；

2）由于蒸汽密度比水小，所以供热系统为高层建筑供暖时，底层散热器一般不会出现压裂现象；

3）因蒸汽靠自身压力输送到系统中，凝结水靠其管道坡度及疏水器余压流至凝结水箱（或凝结水池）内，故节省了输送介质的动力设备投资和运行中电耗费用，易于管理。

（2）采用蒸汽作为供热介质的缺点包括：

1）因管道和散热器表面温度高（尤其采用高压蒸汽时），容易烫伤人，且灰尘聚积后易产生升华现象从而产生异味，故会污染室内空气；

2）蒸汽采暖更容易使室内空气干燥，热惰性较小。蒸汽供暖时其温度变化较大，室温随供暖波动较大，骤冷骤热易使管件和散热器连接处泄漏，维修工作量较大；

3）因系统泄漏、锅炉运行时排污、疏水器漏汽、凝结水回收率低等因素而造成无效热损失较大；

4）系统停运时，管内充满空气，易造成管内壁腐蚀，缩短使用寿命。

2. 热水供热系统

（1）采用热水作为供热介质的优点包括：

1）热媒温度较低，室内卫生条件较好，供热管道内水容量大、热惯性大，室温波动较小，人有舒适感，不燥热；

2）系统不易泄漏，无效热损失少，因此燃料消耗量较低；

3）不论系统运行与否，管内均充满水，空气氧化腐蚀较小，管道使用寿命较长；

4）根据室外温度变化，可在锅炉房（或换热站）内集中调节供水温度和循环流量，以满足室温恒定要求，供暖的质量较高；

5）易于维修管理，泄漏少。

（2）采用热水作为供热介质的缺点包括：

1）系统静水压力较大。在高层建筑内，底层散热器易发生超压乃至压裂现象；

2）热水系统靠水泵克服系统阻力而循环，系统水容量大，因此循环水泵的功率大，耗电量多，增加运行费用；

3）当采用热水采暖时，管内流速不宜过大，流速过大会增加摩擦阻力损失，因此管径选择应满足在规定的流速值之内，管径比蒸汽采暖偏大。

（二）按供热对象区分的类别

按供热对象不同，供热系统可以分为生产热负荷供应系统、采暖热负荷供应系统。

一般地，生产热负荷常采用蒸汽供热系统，且以压力 3.43MPa 以下的蒸汽居多，尤其压力为 0.784~1.274MPa 的蒸汽最为广泛，此类蒸汽都可从汽轮机排汽或抽汽供给；热源蒸汽压力过高时，可通过锅炉减压减温器调节至合适的压力。蒸汽使用后部分可以通过凝结水回收系统实现回收。很多生产用汽因为水处理困难、耗散大，需要大量补水，故设置生水补充及其加热系统。

采暖供热的热介质可以是蒸汽，也可以是热水，要求室内温度恒定舒适的民用及公共建筑多采用热水采暖，而要求室内升温较快、人们停留时间较为集中或停留时间较短暂、卫生条件要求不甚严格的工厂、车间和公共建筑场所等可采用蒸汽采暖，具有较充足蒸汽供应的地方也可采用蒸汽作为热媒。供热热水可以源自热水锅炉，也可能由蒸汽锅炉、汽轮机抽汽供应，加热蒸汽的压力多在 0.117 6~0.245MPa，通过基本加热器产生热水。当需供应更高温热水时，可抽取更高压力的蒸汽，然后经由尖峰热网加热器补充加热。

倘若地区兼有生产热负荷及采暖热负荷，可选用双抽汽机组或抽汽背压式机组，较高参数抽汽供给生产用汽，而较低参数蒸汽则供给采暖热负荷。若地区仅有生产热负荷或仅有采暖热负荷，则可选用背压式或单抽汽机组，满足不同热负荷需要。热电站锅炉容量在满足汽轮机最大用汽量还有富余汽量时，也可通过减压减温器满足供热需要。

基于热网加热器（热交换器），利用蒸汽加热给水产生高压热水供热，是最常见的供热方式，也是本书介绍的重点。

三、热网的连接方式

（一）采暖用户与热网无混合直接连接方式

直接连接方式适用于用户系统的热力工况、水力工况与热网相匹配，用户系统耐压强度能适应热网直接供水的情况。其调节能力差，仅能用于卫生标准要求不高、人员停留较短的场所。所谓无混合，指的是供热后的回水不与供水混合。

采暖用户与热网无混合直接连接方式示意图如图 3-2 所示。

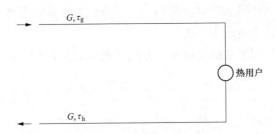

图 3-2　采暖用户与热网无混合直接连接方式示意图

G—任意室外温度 t_w 下的循环水流量；

τ_g、τ_h—任意室外温度 t_w 下的供水、回水温度

（二）采暖用户与热网有混合直接连接方式

实际供热系统中，采暖用户供热终端所需水温可能低于热网中的水温，这种条件下，如果采用采暖用户与热网无混合直接连接方式，可能导致用户室内温度过高，同时难以调节，这时可采用采暖用户与热网有混合直接连接方式来解决这个问题：来自热网的高温水在用户入口，经水力喷射泵等设施与供热系统的部分回水相混合，将热水调制到适宜的温度后进入采暖用户供热终端，放热后的回水，除了一部分参与混合外，其余则流至回水干管。

根据混水方式的不同，采暖用户与热网有混合直接连接还可以细分为一些小类。

1. 采用水力喷射泵混合的直接连接方式

这种连接方式被广泛应用于住宅和公共建筑的采暖系统。水力喷射泵工作时，不需要外界动力，也不需要特别运维。在水力喷射泵选定后，供水管和回水管的混合水量比例基本不变。因此，当流经喷管的供水量稍微减少时，流经采暖用户供热终端的总水量也会成比例地减少，导致某些散热器放热不均衡，引起系统失调。在室外气温升高时，在保持热网送、回水温度不变的条件下，该系统不能采用减少热网循环水量的办法来节省泵送热煤所耗用的电能。近年来研制的一种喷管出口截面可变化的"带可调喷管"的水力喷射泵，使它能在一定范围内改变混合系数，扩大调节范围。

水力喷射泵示意图如图 3-3 所示。

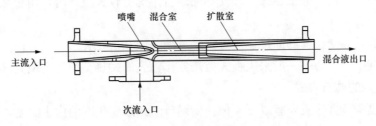

图 3-3　水力喷射泵示意图

2. 采用混水泵、调节阀混合的直接连接方式

这种连接方式用于热网供、回水干管间压差较小，水力喷射泵不能正常工作的场合。此时，热网向用户供水可以分别依靠混水泵、调节阀来实现，或在混水泵出口安装

调节阀，用来调节供水和回水的混合比例。为了避免混水泵扬程增高时回水窜入热网供水干管，在供水入口处应装设止回阀。

采用混水泵和调节阀混水的直接连接方式示意图如图 3-4 所示。

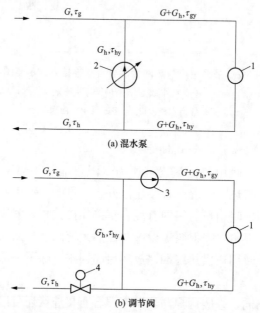

图 3-4　采用混水泵和调节阀混水的直接连接方式示意图[6]

1—热用户；2—混水泵；3—供暖循环泵；4—调节阀；G—任意室外温度 t_w 下的循环水流量；

G_h—混水流量；τ_g、τ_h—任意室外温度 t_w 下的供水、回水温度；

τ_{gy}、τ_{hy}—任意室外温度 t_w 下，用户侧供水、回水温度

（三）利用表面式热交换器的间接连接方式

这种连接方式采用表面式热交换器将热网和用户的水力、热力工况隔开，故热网压力超过采暖用户供热终端的允许压力时，用户系统仍能安全运行。采暖用户供热终端静压太大（高层建筑），而热网压力又不允许普遍提高时，也能确保热网系统的安全运行。此外，由于热网和用户间接连接，即使热网运行工况有较大波动时，用户系统仍有较稳定的热量工况。

利用表面式热交换器的间接连接方式示意图如图 3-5 所示。

供热系统中，热力站一般采用板式换热器作为表面式热交换器实现间接连接。

四、热网的调节方式

集中供热调节方法主要有以下 4 种：质调节，只改变热网的供水温度，一般用于热水网；量调节，只改变热网的循环水流量，一般用于热水网；分阶段改变流量的质调节，一般用于热水网；间歇调节，改变每天的供热小时数，用于蒸汽网和热水网。

（一）质调节

质调节是在热网循环水量不变的条件下，随着室外空气温度的变化，通过改变供水温度进行供热调节的调节方法。质调节时，因为热网中的循环流量是恒定的，所以对循

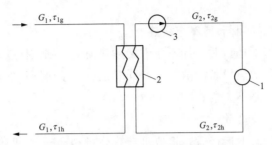

图 3-5　利用表面式热交换器的间接连接方式示意图

1—热用户；2—表面式换热器；3—供暖循环泵；G_1、G_2—任意室外温度 t_w 下一级热网、二级热网的循环水流量；
τ_{1g}、τ_{1h}—任意室外温度对应的一级网供水、回水温度；τ_{2g}、τ_{2h}—任意室外温度对应的二级网供水、回水温度

环水泵没有特殊要求，因而目前大部分机械循环热水采暖系统普遍采用质调节。运行人员根据温度曲线或表格，通过调整抽汽量来实现质调节。

质调节管理简单，操作网路水力工况稳定，但耗电能较多。

（二）量调节

量调节是在保持热网供水温度不变的条件下，随着室外空气温度的变化，通过改变管网循环水流量进行供热调节的调节方式。量调节一般需通过变速泵来实现，随着室外空气温度的升高，管网循环水量迅速减少，容易引起供暖系统水力不稳定。随着室外温度变化不断地改变管网流量，操作技术较复杂，难以进行管理。

量调节操作技术较复杂，调节过程受到热水网水力工况稳定性及管道运输能力的限制，天气变冷需增大供热量时热网循环水泵耗电量剧增。量调节只作为热网调节的一种辅助方法，对局部供暖系统进行辅助性调节。

（三）分阶段改变流量的质调节

分阶段改变流量的质调节是指把整个供暖期按室外温度的高低分成 2～3 个阶段（在中小型热水供暖系统中，一般分为 2 个阶段），在室外温度较低的阶段中保持最大设计流量，而在室外温度较高的阶段中，保持较小流量。在每一个阶段中，热网流量保持不变，同时随着室外温度变化，采用改变供水温度的质调节。

分阶段改变流量的质调节综合了质调节和量调节的优点，是一种比较经济合理的调节方法，在区域锅炉房热水供暖系统中得到较多应用。

（四）间歇调节

间歇调节是指在室外温度升高时，不改变供热管网的循环水量和供水温度，而只减少每天供暖小时数的一种调节方法。这种调节一般作供暖初期和末期的辅助调节措施。

第二节　供热系统运行调节

生产热负荷一般采用蒸汽作为热媒，在热用户供热终端前不涉及蒸汽和热水的相变，一般也不涉及间接加热和多次的热交换，控制蒸汽的流量、压力、温度等主要是汽轮机或锅炉减温减压器的工作，故相对简单。本书主要介绍采暖热水供热系统的运行

调节。

一、 供暖热负荷供热调节基本方程式

当热网在稳定状态下运行时，如不考虑沿途热损失，则在任一室外温度下，热网的供热量应等于用户系统散热设备的散热量，同时也应等于热用户的热负荷，由此可以建立供暖热负荷供热调节基本方程式。

（一）供热管路的供热量

当热水网在稳定状态下运行时，将热量计算公式 $Q = cm\Delta\tau$ 两侧的热量和质量分别对时间求导，得 $\dfrac{\mathrm{d}Q}{\mathrm{d}T} = c\Delta\tau\dfrac{\mathrm{d}m}{\mathrm{d}T}$，而热负荷 $q = \dfrac{\mathrm{d}Q}{\mathrm{d}T}$，质量流量 $G = \dfrac{\mathrm{d}m}{\mathrm{d}T}$，故有 $q = cG\Delta\tau$，即 $\dfrac{q}{G\Delta\tau} = c$，在较窄的温度范围内，比热容 c 可看作常数，故任意室外温度 t_w 下对应供回水温度、水流量和热负荷，可与供暖室外计算温度 t'_w 对应供回水温度、水流量和热负荷建立数学关系，即有

$$\frac{q}{G\Delta\tau} = \frac{q'}{G'\Delta\tau'} = c \tag{3-1}$$

也即

$$\tau_g - \tau_h = \frac{\bar{q}}{\bar{G}}(\tau'_g - \tau'_h)\left(\text{或}\ \bar{q} = \bar{G}\frac{\tau_g - \tau_h}{\tau'_g - \tau'_h}\right) \tag{3-2}$$

式中　Q——水的吸热量或放热量，kJ；

$\quad\ c$——水的比热容，kJ/(kg·℃)；

$\quad\ m$——水的质量，kg；

$\quad\ \Delta\tau$——质量为 m 的水吸热或放热前后的温差，℃；

$\quad\ T$——时间，s；

$\ q'$、q——供暖室外计算温度 t'_w 及任意室外温度 t_w 下的热负荷，kW；

G'、G——供暖室外计算温度 t'_w 及任意室外温度 t_w 下的循环水流量，t/h；

$\quad\ \bar{q}$——相对负荷比，$\bar{q} = \dfrac{q}{q'}$；

$\quad\ \bar{G}$——热水流量相对比，$\bar{G} = \dfrac{G}{G'}$；

τ_g、τ_h——供热管线的供水、回水温度，℃；

τ'_g、τ'_h——供暖室外计算温度 t'_w 下的供水和回水温度，℃。

（二）采暖散热器热特性方程

采暖散热器是热用户的供热终端，本质是一种水-空气换热器。通常认为在稳定工况下室温保持不变，忽略热水在户外供热管网中温度的下降，则进入散热器的热水温度即热网的供水温度，供热水在通过换热器的管道时，水温逐步降低，流出散热器的热水温度为热网的回水温度。

散热器的传热过程可以如图 3-6 所示。

当散热器处于稳定工况时，从空气侧来看，对每一散热微元存在如式（3-3）所示

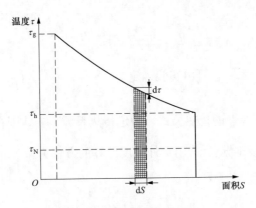

图 3-6　散热器的传热过程

τ_g—供水温度（热水流入散热器的温度）；τ_h—回水温度

（热水流出扇热器的温度）；τ_N—室温

平衡，即

$$dq = K(\tau - t_N)dS \qquad (3\text{-}3)$$

式中　dq——微元散热量，W；

　　　K——微元传热系数，W/(m²·℃)；

　　　τ——微元流体温度，忽略管壁导热温差时也即微元空气侧表面温度，℃；

　　　t_N——室温，一般取 18℃；

　　　dS——微元表面散热面积，m²。

　　式（3-3）中微元传热系数 K 为传热温差的函数，为方便方程求解，此处忽略微元传热系数 K 的变化，对式（3-3）进行积分，则

$$q = KS\Delta\tau \qquad (3\text{-}4)$$

式中　q——散热器散热量，W；

　　　K——平均传热系数，W/(m²·℃)；

　　　S——散热面积，m²；

　　　$\Delta\tau$——计算温差，℃。

　　式（3-4）中，K 即为散热器整体平均的传热系数，其可表示为计算温差的函数，即

$$K = a\Delta\tau^b \qquad (3\text{-}5)$$

将式（3-5）代入式（3-3）可得

$$q = aS\Delta\tau^{1+b} \qquad (3\text{-}6)$$

式（3-6）即为散热器热特性方程，它表示散热器散热量与计算温差的关系。

计算温差 $\Delta\tau$ 可取为

$$\Delta\tau = \tau_g + \tau_h - 2t_N \qquad (3\text{-}7)$$

即有

$$q = aS(\tau_g + \tau_h - 2t_N)^{1+b} \qquad (3\text{-}8)$$

故有

$$\overline{q} = \frac{q}{q'} = \frac{(\tau_g + \tau_h - 2t_N)^{1+b}}{(\tau'_g + \tau'_h - 2t_N)^{1+b}} \tag{3-9}$$

式中 a、b——为特性系数，可由实验确定。

（三）热用户的热负荷

如前文所述，根据线性的传热公式，假定传热系数不变，则在不同室外温度条件下有 $\frac{q}{t_N - t_w} = \frac{q'}{t_N - t'_w}$，则采暖热负荷用室外温度计算的方程为

$$\overline{q} = \frac{q}{q'} = \frac{t_N - t_w}{t_N - t'_w} \tag{3-10}$$

（四）供暖热负荷供热调节的基本方程式

当热水网在稳定状态下运行时，如不考虑管网沿途热损失，则在任一室外温度下，热水网的供热量应等于用户系统散热器的散热量，同时也应等于热用户的热负荷，由式（3-2）、式（3-9）、式（3-10）有

$$\overline{q} = \overline{G}\frac{\tau_g - \tau_h}{\tau'_g - \tau'_h} = \frac{t_N - t_w}{t_N - t'_w} = \frac{(\tau_g + \tau_h - 2t_N)^{1+b}}{(\tau'_g + \tau'_h - 2t_N)^{1+b}} \tag{3-11}$$

此即供暖热负荷供热调节的基本方程式。

二、采暖用户与热网无混合直接连接的运行调节

（一）采暖用户与热网无混合直接连接的基本方程式

采暖用户与热网无混合直接连接，即热网供水直接进入用户散热器，无部分回水的混合，其散发的热量足以补偿建筑物向周围大气散发的热量，从而保持室内温度在一定值或一定范围的供热方式。它是最简单的热网形式。

由式（3-11）的供暖热负荷供热调节基本方程式 $\overline{q} = \overline{G}\frac{\tau_g - \tau_h}{\tau'_g - \tau'_h} = \frac{(\tau_g + \tau_h - 2t_N)^{1+b}}{(\tau'_g + \tau'_h - 2t_N)^{1+b}}$（此处暂不考虑 $\overline{q} = \frac{t_N - t_w}{t_N - t'_w}$，从而不引入变量 t_w 和常量 t'_w），可求解出供水温度、回水温度的表达式。

供水温度为

$$\tau_g = t_N + 0.5(\tau'_g + \tau'_h - 2t_N)(\overline{q})^{\frac{1}{1+b}} + 0.5(\tau'_g - \tau'_h)\frac{\overline{q}}{\overline{G}} \tag{3-12}$$

回水温度为

$$\tau_h = \tau_g - (\tau'_g - \tau'_h)\frac{\overline{q}}{\overline{G}} \tag{3-13}$$

将式（3-12）代入式（3-13）后得

$$\tau_h = t_N + 0.5(\tau'_g + \tau'_h - 2t_N)(\overline{q})^{\frac{1}{1+b}} - 0.5(\tau'_g - \tau'_h)\frac{\overline{q}}{\overline{G}} \tag{3-14}$$

式中 q'、q——供暖室外计算温度 t'_w 及任意室外温度 t_w 下的热负荷，GJ/h；

$\bar{q}$——热负荷相对比，$\bar{q} = \dfrac{q}{q'}$；

G'、G——供暖室外计算温度 t'_w 及任意室外温度 t_w 下的循环水流量，t/h；

$\bar{G}$——热网循环水流量相对比，$\bar{G} = \dfrac{G}{G'}$；

τ_g、τ_h——任意室外温度 t_w 下的供水和回水温度，℃；

τ'_g、τ'_h——供暖室外计算温度 t'_w 下的供水和回水温度，℃；

t_w——室外温度，即 τ_g、τ_h 对应的室外温度，℃；

t'_w——供暖室外计算温度，按《民用建筑供暖通风与空气调节设计规范》（GB 50736—2012）"4 室外设计计算参数"取值，采用历年平均不保证 5 天的日平均温度，为基于气象统计、与地区有关的标准值，℃；

t_N——供暖室内设计温度，按《民用建筑供暖通风与空气调节设计规范》（GB 50736—2012）"3 室内空气设计参数"取值，一般为 18℃；

b——散热器特性系数。

根据供暖热负荷供热调节基本方程式，另有式（3-10）成立。

以上各式是采暖直接连接方式的基本式。

（二）采暖用户与热网无混合直接连接的运行调节

1. 质调节

采暖用户与热网无混合直接连接时，为了稳定供热，多采用质调节方式，即保持热网循环热水流量不变，改变热水的供、回水温度的调节方式。质调节时，循环热水流量不变，故有 $\bar{G} = \dfrac{G}{G'} = 1$ 或 $G = G'$。

可以通过计算额定热水流量 G' 来计算 G，即

$$G = G' = \frac{q'}{c(\tau'_g - \tau'_h)} \times 10^3 \tag{3-15}$$

由式（3-12）～式（3-14），令 $\bar{G} = 1$，则供、回水温度为

$$\tau_g = t_N + 0.5(\tau'_g + \tau'_h - 2t_N)(\bar{q})^{\frac{1}{1+b}} + 0.5(\tau'_g - \tau'_h)\bar{q} \tag{3-16}$$

$$\tau_h = \tau_g - (\tau'_g - \tau'_h)\bar{q} \tag{3-17}$$

或

$$\tau_h = t_N + 0.5(\tau'_g + \tau'_h - 2t_N)(\bar{q})^{\frac{1}{1+b}} - 0.5(\tau'_g - \tau'_h)\bar{q} \tag{3-18}$$

根据供暖热负荷供热调节基本方程式，另有式（3-10）成立。

式中　G'、G——供暖室外计算温度 t'_w 及任意室外温度 t_w 下的循环水流量，t/h；

q'、q——供暖室外计算温度 t'_w 及任意室外温度 t_w 下的热负荷，GJ/h；

c——水的比热容，一般取 $c = 4.2\text{kJ}/(\text{kg} \cdot \text{℃})$；

τ'_g、τ'_h——供暖室外计算温度 t'_w 下的热网供水、回水温度，℃；

$\overline{G}$——热网循环水流量相对比，$\overline{G} = \dfrac{G}{G'}$；

τ_{g}、τ_{h}——任意室外温度 t_{w} 下的供水、回水温度，℃；

t_{N}——供暖室内设计温度，按《民用建筑供暖通风与空气调节设计规范》(GB 50736—2012)"3 室内空气设计参数"取值，一般为 18℃；

b——散热器特性系数；

$\overline{q}$——热负荷相对比，$\overline{q} = \dfrac{q}{q'}$。

2. 量调节

热网进行量调节时，有 $\tau_{\mathrm{g}} = \tau'_{\mathrm{g}}$（注意一般有 $\tau_{\mathrm{h}} \neq \tau'_{\mathrm{h}}$），属于已知量，未知量为 $\overline{G}$ 和 τ_{h}，根据式（2-5）和式（2-6），可以计算出

$$\tau_{\mathrm{h}} = 2t_{\mathrm{N}} + (\tau'_{\mathrm{g}} + \tau'_{\mathrm{h}} - 2t_{\mathrm{N}})(\overline{q})^{\frac{1}{1+b}} - \tau'_{\mathrm{g}} \tag{3-19}$$

$$\overline{G} = \frac{\tau'_{\mathrm{g}} - \tau'_{\mathrm{h}}}{\tau'_{\mathrm{g}} - \tau_{\mathrm{h}}}\overline{q} \tag{3-20}$$

或者有

$$\overline{G} = \frac{0.5(\tau'_{\mathrm{g}} - \tau'_{\mathrm{h}})\overline{q}}{(\tau'_{\mathrm{g}} - t_{\mathrm{N}}) - 0.5(\tau'_{\mathrm{g}} + \tau'_{\mathrm{h}} - 2t_{\mathrm{N}})(\overline{q})^{\frac{1}{1+b}}} \tag{3-21}$$

根据供暖热负荷供热调节基本方程式，另有

$$\overline{q} = \frac{t_{\mathrm{N}} - t_{\mathrm{w}}}{t_{\mathrm{N}} - t'_{\mathrm{w}}}$$

式中 q'、q——供暖室外计算温度 t'_{w} 及任意室外温度 t_{w} 下的热负荷，GJ/h；

$\overline{q}$——热负荷相对比，$\overline{q} = \dfrac{q}{q'}$；

G'、G——供暖室外计算温度 t'_{w} 及任意室外温度 t_{w} 下的循环水流量，t/h；

$\overline{G}$——热网循环水流量相对比，$\overline{G} = \dfrac{G}{G'}$；

τ_{g}、τ_{h}——任意室外温度 t_{w} 下的供水、回水温度，℃；

τ'_{g}、τ'_{h}——供暖室外计算温度 t'_{w} 下的供水、回水温度，℃；

t_{w}——室外温度，即 τ_{g}、τ_{h} 对应的室外温度，℃；

t'_{w}——供暖室外计算温度，按《民用建筑供暖通风与空气调节设计规范》(GB 50736—2012)"4 室外设计计算参数"取值，采用历年平均不保证 5 天的日平均温度，为基于气象统计、与地区有关的标准值，对应 τ'_{g}、τ'_{h} 的室外温度，℃；

t_{N}——供暖室内设计温度，按《民用建筑供暖通风与空气调节设计规范》(GB 50736—2012)"3 室内空气设计参数"取值，一般为 18℃；

b——散热器特性系数。

3. 分阶段改变流量的质调节

在每个阶段，循环水泵的流量与设计流量的百分率为 φ，即在这个阶段中相对流量

$\overline{G}=\varphi$，φ 的物理意义与 $\overline{G}$ 基本相同，φ 更强调分阶段调节时处于各个阶段，在某个阶段，它一般是个固定的值，而 $\overline{G}$ 则完全是个变量。

将 $\overline{G}=\varphi$ 代入式（3-12）～式（3-14），可得

供水温度为

$$\tau_g = t_N + 0.5(\tau'_g + \tau'_h - 2t_N)(\overline{q})^{\frac{1}{1+b}} + 0.5(\tau'_g - \tau'_h)\frac{\overline{q}}{\varphi} \tag{3-22}$$

回水温度为

$$\tau_h = \tau_g - (\tau'_g - \tau'_h)\frac{\overline{q}}{\varphi} \tag{3-23}$$

或

$$\tau_h = t_N + 0.5(\tau'_g + \tau'_h - 2t_N)(\overline{q})^{\frac{1}{1+b}} - 0.5(\tau'_g - \tau'_h)\frac{\overline{q}}{\varphi} \tag{3-24}$$

根据供暖热负荷供热调节基本方程式，另有

$$\overline{q} = \frac{t_N - t_w}{t_N - t'_w} \tag{3-25}$$

式中　q'、q——供暖室外计算温度 t'_w 及任意室外温度 t_w 下的热负荷，GJ/h；

　　　　$\overline{q}$——热负荷相对比，$\overline{q} = \dfrac{q}{q'}$；

　　G'、G——供暖室外计算温度 t'_w 及任意室外温度 t_w 下的循环水流量，t/h；

　　　　$\overline{G}$——热网循环水流量相对比，$\overline{G} = \dfrac{G}{G'}$；

　　　　φ——每个阶段中循环水泵的流量占设计流量的百分率；

　τ'_g、τ'_h——供暖室外计算温度 t'_w 下的供水、回水温度，℃；

　τ_g、τ_h——任意室外温度 t_w 下的供水、回水温度，℃；

　　　　t_w——室外温度，即 τ_g、τ_h 对应的室外温度，℃；

　　　　t'_w——供暖室外计算温度，按《民用建筑供暖通风与空气调节设计规范》（GB 50736—2012）"4 室外设计计算参数"取值，采用历年平均不保证 5 天的日平均温度，为基于气象统计、与地区有关的标准值，对应 τ'_g、τ'_h 的室外温度，℃；

　　　　t_N——供暖室内设计温度，按《民用建筑供暖通风与空气调节设计规范》（GB 50736—2012）"3 室内空气设计参数"取值，一般为 18℃；

　　　　b——散热器特性系数。

4. 间歇调节

间歇调节不改变热网的循环水量和供水温度，而只减少每天供暖的时长，故计算的核心是供暖小时数。

如前文推导，根据线性的传热公式，假定传热系数不变，则在不同室外温度条件下有

$$\frac{q}{t_N - t_w} = \frac{q''}{t_N - t_w''} \tag{3-26}$$

同时，每天连续 24h 按强度 q 供热，与每天按强度 q'' 间歇性供热 n h 的总供热热量是一样的（保证有同样的供热质量），故有

$$24q = nq'' \tag{3-27}$$

结合这两式，当采用间歇调节时，网路每天工作总小时数 n 为

$$n = 24\frac{t_N - t_w}{t_N - t_w''} \tag{3-28}$$

式中　q''、q——间歇调节时的室外温度 t_w'' 及任意室外温度 t_w 下的热负荷，GJ/h；

　　　　t_w——室外温度，即对应 τ_g、τ_h 的室外温度，℃；

　　　　t_w''——间歇调节时的室外温度，℃；

　　　　t_N——供暖室内设计温度，按《民用建筑供暖通风与空气调节设计规范》（GB 50736—2012）"3 室内空气设计参数"取值，一般为 18℃；

　　　　n——与每天连续 24h 按强度 q 供热具有相同供热量，每天按强度 q'' 间歇性供热的小时数，h。

三、采暖用户与热网有混合直接连接的运行调节

采暖用户与热网有混合直接连接的系统图如图 3-4 所示。采用水力喷射泵、混水泵或混水阀混水，对于运行调节计算没有本质区别，故此处将它们统一处理。

定义混水比为 $u = \dfrac{G_h}{G}$，供暖室外计算温度 t_w' 对应的混水比为 $u' = \dfrac{G_h'}{G'}$。用户供水温度为 τ_{gy}、回水温度为 τ_{hy}，则根据能量守恒有

$$G\tau_g + G_h\tau_{hy} = (G + G_h)\tau_{gy} \quad , \quad \tau_{hy} = \tau_h \tag{3-29}$$

即

$$\tau_g + \frac{G_h}{G}\tau_{hy} = \left(1 + \frac{G_h}{G}\right)\tau_{gy} \quad , \quad \tau_{hy} = \tau_h \tag{3-30}$$

代入 $u = \dfrac{G_h}{G}$，则有

$$\tau_g + u\tau_{hy} = (1 + u)\tau_{gy} \quad , \quad \tau_{hy} = \tau_h \tag{3-31}$$

故

$$\tau_{gy} = \frac{\tau_g + u\tau_h}{1 + u}（或者\ \tau_g = (1 + u)\tau_{gy} - u\tau_{hy}），$$

$$\tau_{hy} = \tau_h（或者\ \tau_h = \tau_{hy}） \tag{3-32}$$

处于设计工况时，则有

$$\tau_{gy}' = \frac{\tau_g' + u'\tau_h'}{1 + u'}（或者\ \tau_g' = (1 + u')\tau_{gy}' - u'\tau_{hy}'）$$

$$\tau_{hy}' = \tau_h'（或者\ \tau_h' = \tau_{hy}'） \tag{3-33}$$

$$\tau_{gy}' + \tau_{hy}' = \frac{\tau_g' + u'\tau_h'}{1 + u'} + \tau_h' = \frac{\tau_g' + \tau_h' + 2u'\tau_h'}{1 + u'} \tag{3-34}$$

$$\tau'_{\text{gy}} - \tau'_{\text{hy}} = \frac{\tau'_{\text{g}} + u' \tau'_{\text{h}}}{1 + u'} - \tau'_{\text{h}} = \frac{\tau'_{\text{g}} - \tau'_{\text{h}}}{1 + u'} \tag{3-35}$$

单独将末端用户拿出来，如图 3-7 的虚线框所示。

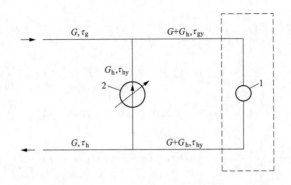

图 3-7　采暖用户与热网有混合直接连接分析示意图

1—热用户；2—混水泵；G—任意室外温度 t_{w} 下的循环水流量；G_{h}—混水流量；

τ_{g}、τ_{h}—任意室外温度 t_{w} 下的供水、回水温度；

τ_{gy}、τ_{hy}—任意室外温度 t_{w} 下，用户侧的供水、回水温度

对于供水温度 τ_{gy}、回水温度 τ_{hy}，它相当于一个直接供热不混合系统，利用前文的结论，即有

供水温度为

$$\tau_{\text{gy}} = t_{\text{N}} + 0.5(\tau'_{\text{gy}} + \tau'_{\text{hy}} - 2t_{\text{N}})(\overline{q_{\text{y}}})^{\frac{1}{1+b}} + 0.5(\tau'_{\text{gy}} - \tau'_{\text{hy}})\frac{\overline{q_{\text{y}}}}{\overline{G_{\text{y}}}} \tag{3-36}$$

回水温度为

$$\tau_{\text{hy}} = \tau_{\text{gy}} - (\tau'_{\text{gy}} - \tau'_{\text{hy}})\frac{\overline{q_{\text{y}}}}{\overline{G_{\text{y}}}} \tag{3-37}$$

或

$$\tau_{\text{hy}} = t_{\text{N}} + 0.5(\tau'_{\text{gy}} + \tau'_{\text{hy}} - 2t_{\text{N}})(\overline{q_{\text{y}}})^{\frac{1}{1+b}} - 0.5(\tau'_{\text{gy}} - \tau'_{\text{hy}})\frac{\overline{q_{\text{y}}}}{\overline{G_{\text{y}}}} \tag{3-38}$$

由前文可知 $\overline{q} = \dfrac{q}{q'} = \dfrac{t_{\text{N}} - t_{\text{w}}}{t_{\text{N}} - t'_{\text{w}}}$，即 $\overline{q}$ 仅与供暖室内设计温度 t_{N}、室外温度 t_{w}、供暖室外计算温度 t'_{w} 有关，与是否混水无关，因此有 $\overline{q} = \overline{q_{\text{y}}}$。

由前文可知，$\overline{G_{\text{y}}} = \dfrac{G_{\text{y}}}{G'_{\text{y}}} = \dfrac{G + G_{\text{h}}}{G' + G'_{\text{h}}} = \dfrac{G + uG}{G' + u'G'} = \dfrac{1 + u}{1 + u'}\overline{G}$。

从式（3-32）$\tau_{\text{g}} = (1 + u)\tau_{\text{gy}} - u\tau_{\text{hy}}$ 出发，代入式（3-36）、式（3-37）、$\overline{q} = \overline{q_{\text{y}}}$、$\overline{G_{\text{y}}} = \dfrac{G_{\text{y}}}{G'_{\text{y}}} = \dfrac{G + G_{\text{h}}}{G' + G'_{\text{h}}} = \dfrac{G + uG}{G' + u'G'} = \dfrac{1 + u}{1 + u'}\overline{G}$ 等式，可以消去下标为 "gy" 或 "hy" 的量，即求

解出采暖用户与热网有混合直接连接用 τ'_g、τ'_h、u、u'、$\bar{q}$、$\bar{G}$ 等变量表示出的供水、回水温度为

$$\tau_g = (1+u)\tau_{gy} - u\tau_{hy}$$

$$= \tau_{gy} + u(\tau_{gy} - \tau_{hy})$$

$$= t_N + 0.5(\tau'_{gy} + \tau'_{hy} - 2t_N)(\overline{q_y})^{\frac{1}{1+b}} + 0.5(\tau'_{gy} - \tau'_{hy})\frac{\overline{q_y}}{\overline{G_y}} + u\left[(\tau'_{gy} - \tau'_{hy})\frac{\overline{q_y}}{\overline{G_y}}\right]$$

$$= t_N + 0.5(\tau'_{gy} + \tau'_{hy} - 2t_N)(\overline{q_y})^{\frac{1}{1+b}} + (0.5+u)(\tau'_{gy} - \tau'_{hy})\frac{\overline{q_y}}{\overline{G_y}}$$

$$= t_N + 0.5(\tau'_{gy} + \tau'_{hy} - 2t_N)(\overline{q})^{\frac{1}{1+b}} + (0.5+u)(\tau'_{gy} - \tau'_{hy})\frac{\overline{q}}{\overline{G}}\frac{1+u'}{1+u}$$

$$= t_N + 0.5\left(\frac{\tau'_g + \tau'_h + 2u'\tau'_h}{1+u'} - 2t_N\right)(\overline{q})^{\frac{1}{1+b}} + (0.5+u)\frac{\tau'_g - \tau'_h}{1+u'}\frac{\overline{q}}{\overline{G}}\frac{1+u'}{1+u}$$

$$= t_N + 0.5\left(\frac{\tau'_g + \tau'_h + 2u'\tau'_h}{1+u'} - 2t_N\right)(\overline{q})^{\frac{1}{1+b}} + \frac{0.5+u}{1+u}(\tau'_g - \tau'_h)\frac{\overline{q}}{\overline{G}} \tag{3-39}$$

$$\tau_h = \tau_g - (\tau'_g - \tau'_h)\frac{\overline{q}}{\overline{G}} \tag{3-40}$$

或

$$\tau_h = \tau_g - (\tau'_g - \tau'_h)\frac{\overline{q}}{\overline{G}}$$

$$= t_N + 0.5\left(\frac{\tau'_g + \tau'_h + 2u'\tau'_h}{1+u'} - 2t_N\right)(\overline{q})^{\frac{1}{1+b}} + (0.5+u)\left(\frac{\tau'_g - \tau'_h}{1+u'}\right)\frac{\overline{q}}{\overline{G_y}} - (\tau'_g - \tau'_h)\frac{\overline{q}}{\overline{G}}$$

$$= t_N + 0.5\left(\frac{\tau'_g + \tau'_h + 2u'\tau'_h}{1+u'} - 2t_N\right)(\overline{q})^{\frac{1}{1+b}} + \left(\frac{0.5+u}{(1+u')\overline{G_y}} - \frac{1}{\overline{G}}\right)(\tau'_g - \tau'_h)\overline{q}$$

$$= t_N + 0.5\left(\frac{\tau'_g + \tau'_h + 2u'\tau'_h}{1+u'} - 2t_N\right)(\overline{q})^{\frac{1}{1+b}} - 0.5\frac{1}{1+u}(\tau'_g - \tau'_h)\frac{\overline{q}}{\overline{G}} \tag{3-41}$$

式中　q'、q——供暖室外计算温度 t'_w 及任意室外温度 t_w 下的热负荷，GJ/h；

$\qquad \bar{q}$——热负荷相对比，$\bar{q} = \dfrac{q}{q'}$；

$\qquad G'$、G——供暖室外计算温度 t'_w 及任意室外温度 t_w 下的循环水流量，t/h；

$\qquad G_h$——混水流量，t/h；

$\qquad \bar{G}$——热网循环水流量相对比，$\bar{G} = \dfrac{G}{G'}$；

$\qquad u$、u'——任意室外温度下 t_w 对应的混水比 $\left(u = \dfrac{G_h}{G}\right)$、供暖室外计算温度 t'_w 对应的混水比；

$\qquad \tau_g$、τ_h——任意室外温度 t_w 下的供水、回水温度，℃；

$\qquad \tau_{gy}$、τ_{hy}——任意室外温度 t_w 下，用户侧（图3-7所示的虚线框内）的供水、回水温度，℃；

τ'_{g}、τ'_{h}——供暖室外计算温度 t'_{w} 下的供水、回水温度，℃；

τ'_{gy}、τ'_{hy}——供暖室外计算温度 t'_{w} 下，用户侧（图 3-7 所示的虚线框内）的供水、回水温度，℃；

t_{w}——室外温度，即 τ_{g}、τ_{h} 对应的室外温度，℃；

t'_{w}——供暖室外计算温度，按《民用建筑供暖通风与空气调节设计规范》（GB 50736—2012）"4 室外设计计算参数"取值，采用历年平均不保证 5 天的日平均温度，为基于气象统计、与地区有关的标准值，对应 τ'_{g}、τ'_{h} 的室外温度，℃；

t_{N}——供暖室内设计温度，按《民用建筑供暖通风与空气调节设计规范》（GB 50736—2012）"3 室内空气设计参数"取值，一般为 18℃；

b——散热器特性系数。

在上述方程式的基础上，参照采暖用户与热网无混合直接连接的运行调节，可以进行质调节、量调节、分阶段改变流量的质调节等分析。

四、采暖用户与热网间接连接的运行调节

（一）间接连接方式调节基本方程式

一级网有热平衡式

$$\overline{q} = \overline{G}_1 \frac{\tau_{1g} - \tau_{1h}}{\tau'_{1g} - \tau'_{1h}} \tag{3-42}$$

式中　$\overline{q}$——热负荷相对比，$\overline{q} = \dfrac{q}{q'}$；

q'、q——供暖室外计算温度 t'_{w} 及任意室外温度 t_{w} 下的热负荷，GJ/h；

$\overline{G}_1$——一级热网循环水流量相对比，$\overline{G}_1 = \dfrac{G_1}{G'_1}$；

G'_1、G_1——供暖室外计算温度 t'_{w} 及任意室外温度 t_{w} 下一级热网的循环水流量，t/h；

τ'_{1g}、τ'_{1h}——供暖室外计算温度 t'_{w} 下一级热网的供水、回水温度，℃；

τ_{1g}、τ_{1h}——任意室外温度 t_{w} 下一级热网的供水、回水温度，℃。

一级网与二级网连接的热交换器热平衡式为

$$\overline{q} = \overline{K}_1 \frac{\Delta\tau_{d1}}{\Delta\tau'_{d1}} \tag{3-43}$$

式中　$\overline{q}$——热负荷相对比，$\overline{q} = \dfrac{q}{q'}$；

q'、q——供暖室外计算温度 t'_{w} 及任意室外温度 t_{w} 下的热负荷，GJ/h；

$\overline{K}_1$——一级网与二级网水—水热交换器传热系数相对比值，$\overline{K}_1 = \dfrac{K_1}{K'_1}$；

K_1——任意室外温度时一级网及二级网水—水热交换器传热系数，kJ/(m²·℃)；

K'_1——一级网与二级网水—水热交换器设计工况的传热系数，kJ/(m²·℃)；

$\Delta\tau_{d1}$——任意室外温度时一级网及二级网水—水热交换器的对数温差，℃；

$\Delta\tau'_{d1}$——一级网及二级网水—水热交换器计算对数温差，℃。

实际热网中，换热器两侧流体的流量变化将导致换热器传热系数的变化，俄罗斯学者通过实验数据整理得出管壳式水-水换热器的相对传热系数 $\overline{K}_1$ 值的表达式为

$$\overline{K}_1 = \overline{G}_1^{0.5} \overline{G}_2^{0.5} \tag{3-44}$$

根据对数温度的定义，有

$$\Delta\tau'_{d1} = \frac{(\tau'_{1g} - \tau'_{2g}) - (\tau'_{1h} - \tau'_{2h})}{\ln \dfrac{\tau'_{1g} - \tau'_{2g}}{\tau'_{1h} - \tau'_{2h}}} \tag{3-45}$$

$$\Delta\tau_{d1} = \frac{(\tau_{1g} - \tau_{2g}) - (\tau_{1h} - \tau_{2h})}{\ln \dfrac{\tau_{1g} - \tau_{2g}}{\tau_{1h} - \tau_{2h}}} \tag{3-46}$$

将式（3-44）~（3-46）代入式（3-43），得

$$\overline{G}_1 \frac{\tau_{1g} - \tau_{1h}}{\tau'_{1g} - \tau'_{1h}} = \overline{G}_1^{m1} \overline{G}_2^{m2} \frac{\dfrac{(\tau_{1g} - \tau_{2g}) - (\tau_{1h} - \tau_{2h})}{\ln \dfrac{\tau_{1g} - \tau_{2g}}{\tau_{1h} - \tau_{2h}}}}{\dfrac{(\tau'_{1g} - \tau'_{2g}) - (\tau'_{1h} - \tau'_{2h})}{\ln \dfrac{\tau'_{1g} - \tau'_{2g}}{\tau'_{1h} - \tau'_{2h}}}} \tag{3-47}$$

本节前文的供暖热负荷供热调节基本方程式，分别应用于一级网和二级网，则有

$$\tau_{1g} - \tau_{1h} = \frac{\overline{q}}{\overline{G}_1}(\tau'_{1g} - \tau'_{1h}) \tag{3-48}$$

$$\tau_{2g} - \tau_{2h} = \frac{\overline{q}}{\overline{G}_2}(\tau'_{2g} - \tau'_{2h}) \tag{3-49}$$

将式（3-48）、式（3-49）代入式（3-47），得

$$\tau_{1g} = \frac{\tau_{2g} - \left(\dfrac{\tau'_{1g} - \tau'_{2g}}{\tau'_{1h} - \tau'_{2h}}\right)^R \left[\dfrac{\overline{q}}{\overline{G}_1}(\tau'_{1g} - \tau'_{1h}) + \tau_{2h}\right]}{1 - \left(\dfrac{\tau'_{1g} - \tau'_{2g}}{\tau'_{1h} - \tau'_{2h}}\right)^R} \tag{3-50}$$

$$\tau_{1h} = \tau_{1g} - \frac{\overline{q}}{\overline{G}_1}(\tau'_{1g} - \tau'_{1h}) \tag{3-51}$$

$$R = \frac{\overline{G}_2(\tau'_{1g} - \tau'_{1h}) - \overline{G}_1(\tau'_{2g} - \tau'_{2h})}{(\tau'_{1g} - \tau'_{1h}) - (\tau'_{2g} - \tau'_{2h})} \frac{1}{(\overline{G}_1 \overline{G}_2)^{0.5}} \tag{3-52}$$

式中　$\overline{q}$——热负荷相对比，$\overline{q} = \dfrac{q}{q'}$；

q'、q——供暖室外计算温度 t'_w 及任意室外温度 t_w 下的热负荷，GJ/h；

$\overline{G}_1$——一级热网循环水流量相对比，$\overline{G}_1 = \dfrac{G_1}{G'_1}$；

$\overline{G}_2$——二级热网循环水流量相对比，$\overline{G}_2 = \dfrac{G_2}{G'_2}$；

G'_1、G_1——供暖室外计算温度 t'_w 及任意室外温度 t_w 下一级热网的循环水流量，t/h；

G_2'、G_2——供暖室外计算温度 t_w' 及任意室外温度 t_w 下二级热网的循环水流量，t/h；

τ_{1g}、τ_{1h}——任意室外温度对应的一级网供水、回水温度，℃；

τ_{2g}、τ_{2h}——任意室外温度对应的二级网供水、回水温度，℃；

τ_{1g}'、τ_{1h}'——一级网供水、回水计算温度，℃；

τ_{2g}'、τ_{2h}'——二级网供水、回水计算温度，℃；

R——热力站间接连接指数。

式（3-50）有一个问题，就是表达式中含有 τ_{2g}、τ_{2h} 变量，需要进一步求解。采用图 3-7 采暖用户与热网有混合直接连接分析示意图的办法，可以进行求解，如图 3-8 所示。

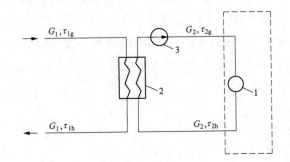

图 3-8 利用表面式热交换器的间接连接方式分析示意图

1—热用户；2—表面式换热器；3—供暖循环泵；G_1、G_2—任意室外温度 t_w 下一级热网、二级热网的循环水流量；τ_{1g}、τ_{1h}—任意室外温度对应的一级网供水、回水温度；τ_{2g}、τ_{2h}—任意室外温度对应的二级网供水、回水温度

对于二级网供水温度 τ_{2g}、回水温度 τ_{2h}，它相当于一个直接供热不混合系统，利用前文的结论，并考虑一级网和二级网有相同的 $\overline{q}$，则有：

供水温度为

$$\tau_{2g}=t_N+0.5(\tau_{2g}'+\tau_{2h}'-2t_N)(\overline{q})^{\frac{1}{1+b}}+0.5(\tau_{2g}'-\tau_{2h}')\frac{\overline{q}}{\overline{G_2}} \tag{3-53}$$

回水温度为

$$\tau_{2h}=\tau_{2g}-(\tau_{2g}'-\tau_{2h}')\frac{\overline{q}}{\overline{G_2}} \tag{3-54}$$

或

$$\tau_{2h}=t_N+0.5(\tau_{2g}'+\tau_{2h}'-2t_N)(\overline{q})^{\frac{1}{1+b}}-0.5(\tau_{2g}'-\tau_{2h}')\frac{\overline{q}}{\overline{G_2}} \tag{3-55}$$

将式（3-53）、式（3-55）代入式（3-50），可以得出用已知量（各种带上标′的量）和变量 $\overline{q}$、$\overline{G_1}$、$\overline{G_2}$ 表出的 τ_{1g}、τ_{1h}。由于公式复杂，此处省略，读者只需知道式（3-50）、式（3-51）的 τ_{1g}、τ_{1h} 虽然包含二级网供水温度 τ_{2g}、回水温度 τ_{2h}，但实际上可以得出用已知量（各种带上标′的量）和变量 $\overline{q}$、$\overline{G_1}$、$\overline{G_2}$ 表出即可。下文的论述中，为简

洁计，也直接采用式（3-50）、式（3-51）。

（二）间接连接方式的典型调节工况

基于间接连接方式调节的基本方程式，可以计算间接连接条件下不同调节方式的供回水温度等参数。

间接连接条件下，调节方式有质调节、量调节、分阶段改变流量质调节、同时质调节及量调节。工程实际中，一般采用质调节、分阶段改变流量质调节。量调节、同时质调节及量调节在实际运行中不常用，因为热水流量经常变化，不利于热水网水力工况稳定，从效果来看，分阶段改变流量质调节完全可以取代同时质调节及量调节。本书主要研究质调节、分阶段改变流量质调节。

间接连接方式下，区分一级网和二级网，实际工程中，连接用户的二级网是无法主动实现质调节的（即主动改变二级网供回水温度），只能因为一级网的调节而被动实现质调节（即因为一级网调节而被动改变二级网供回水温度），甚至也很少通过改变二级网的流量来调节，因此，主要讨论一级网的质调节、分阶段改变流量质调节，二级网被动实现质调节。

1. 一级网采用质调节

当一级网和二级网均采用质调节时，则有 $\overline{G}_1=\overline{G}_2=1$，故

$$R=\frac{\overline{G}_2(\tau'_{1g}-\tau'_{1h})-\overline{G}_1(\tau'_{2g}-\tau'_{2h})}{(\tau'_{1g}-\tau'_{1h})-(\tau'_{2g}-\tau'_{2h})}\frac{1}{(\overline{G}_1\,\overline{G}_2)^{0.5}}=1 \tag{3-56}$$

一级网供水及回水温度计算式为

$$\tau_{1g}=\frac{\tau_{2g}-\left(\frac{\tau'_{1g}-\tau'_{2g}}{\tau'_{1h}-\tau'_{2h}}\right)\left[\overline{q}(\tau'_{1g}-\tau'_{1h})+\tau_{2h}\right]}{1-\left(\frac{\tau'_{1g}-\tau'_{2g}}{\tau'_{1h}-\tau'_{2h}}\right)} \tag{3-57}$$

$$\tau_{1h}=\tau_{1g}-\overline{q}(\tau'_{1g}-\tau'_{1h}) \tag{3-58}$$

式中　R——热力站间接连接指数；

$\overline{G}_2$——二级热网循环水流量相对比，$\overline{G}_2=\frac{G_2}{G'_2}$；

G'_2、G_2——供暖室外计算温度 t'_w 及任意室外温度 t_w 下二级热网的循环水流量，t/h；

τ'_{1g}、τ'_{1h}——一级热网的设计供、回水温度，℃；

$\overline{G}_1$——一级热网循环水流量相对比，$\overline{G}_1=\frac{G_1}{G'_1}$；

G'_1、G_1——供暖室外计算温度 t'_w 及任意室外温度 t_w 下一级热网的循环水流量，t/h；

τ'_{2g}、τ'_{2h}——二级热网（用户系统）设计供、回水温度，℃；

τ_{1g}、τ_{1h}——室外温度为 t_w 时，一级热网的供、回水温度，℃；

τ_{2g}、τ_{2h}——室外温度为 t_w 时，二级热网（用户系统）的供回水温度，℃；

$\overline{q}$——热负荷相对比，$\overline{q}=\frac{q}{q'}$；

q'、q——供暖室外计算温度 t'_w 及任意室外温度 t_w 下的热负荷，GJ/h。

2. 一级网采用分阶段改变流量质调节

分阶段改变热水流量主要指一级网各阶段之间热水流量是不同的，但各阶段内热水流量则是固定的。供热管网（线）中的热水流量不能太小，根据循环水泵特性，水流量小于一定值时，水泵出口压力将不稳定，管道中的水流从层流状态过渡到紊流状态流体压力也不稳定。根据工程经验，供热管道中的热水流量相对比 $\overline{G}$ 值不得低于 0.7。

"阶段"一词虽被业内广泛应用，但严格来说，并非一般所理解的时间上连贯的先后阶段，而是根据环境温度确定的、在一段时间内流量不变的供热调节状态。例如，供热初期天气不太冷时，取 $\overline{G}=0.7$ 运行；过一段时间天气比较冷，取 $\overline{G}=0.85$ 运行；到最冷那段时间，取 $\overline{G}=1$ 运行；然后到第二年不太冷的时间，取 $\overline{G}=0.85$ 运行；供热末期，再取 $\overline{G}=0.7$ 运行。在进行计算时，则只需计算 $\overline{G}=0.7$、$\overline{G}=0.85$、$\overline{G}=1$ 的情况，因此，这个"三阶段"，更多的像三个理论计算段。

作为范例，本书按 $\overline{G}_1=0.7$、$\overline{G}_1=0.85$、$\overline{G}_1=1$ 进行计算。

第 I 阶段热水流量相对比 $\overline{G}_1=0.7$、$\overline{G}_2=1$，则

$$R_{\text{I}} = \frac{(\tau'_{1g} - \tau'_{1h}) - 0.7(\tau'_{2g} - \tau'_{2h})}{(\tau'_{1g} - \tau'_{1h}) - (\tau'_{2g} - \tau'_{2h})} \frac{1}{0.7^{0.5}} \tag{3-59}$$

$$\tau_{1g} = \frac{\tau_{2g} - \left(\frac{\tau'_{1g} - \tau'_{2g}}{\tau'_{1h} - \tau'_{2h}}\right)^{R_{\text{I}}} \left[\frac{\overline{q}}{0.7}(\tau'_{1g} - \tau'_{1h}) + \tau_{2h}\right]}{1 - \left(\frac{\tau'_{1g} - \tau'_{2g}}{\tau'_{1h} - \tau'_{2h}}\right)^{R_{\text{I}}}} \tag{3-60}$$

$$\tau_{1h} = \tau_{1g} - \frac{\overline{q}}{0.7}(\tau'_{1g} - \tau'_{1h}) \tag{3-61}$$

式中　R_{I}——第 I 阶段热力站间接连接指数；

τ'_{1g}、τ'_{1h}——一级热网的设计供、回水温度，℃；

τ'_{2g}、τ'_{2h}——二级热网（用户系统）设计供、回水温度，℃；

τ_{1g}、τ_{1h}——室外温度为 t_w 时，一级热网的供、回水温度，℃；

τ_{2g}、τ_{2h}——室外温度为 t_w 时，二级热网（用户系统）的供回水温度，℃；

$\overline{q}$——热负荷相对比，$\overline{q} = \dfrac{q}{q'}$；

q'、q——供暖室外计算温度 t'_w 及任意室外温度 t_w 下的热负荷，GJ/h。

第 II 阶段热水流量相对比 $\overline{G}_1=0.85$、$\overline{G}_2=1$，则

$$R_{\text{II}} = \frac{(\tau'_{1g} - \tau'_{1h}) - 0.85(\tau'_{2g} - \tau'_{2h})}{(\tau'_{1g} - \tau'_{1h}) - (\tau'_{2g} - \tau'_{2h})} \frac{1}{0.85^{0.5}} \tag{3-62}$$

$$\tau_{1g} = \frac{\tau_{2g} - \left(\frac{\tau'_{1g} - \tau'_{2g}}{\tau'_{1h} - \tau'_{2h}}\right)^{R_{\text{II}}} \left[\frac{\overline{q}}{0.85}(\tau'_{1g} - \tau'_{1h}) + \tau_{2h}\right]}{1 - \left(\frac{\tau'_{1g} - \tau'_{2g}}{\tau'_{1h} - \tau'_{2h}}\right)^{R_{\text{II}}}} \tag{3-63}$$

$$\tau_{1h} = \tau_{1g} - \frac{\overline{q}}{0.85}(\tau'_{1g} - \tau'_{1h}) \tag{3-64}$$

式中 R_{II}——第II阶段间接连接指数；

τ'_{1g}、τ'_{1h}——一级热网的设计供、回水温度，℃；

τ'_{2g}、τ'_{2h}——二级热网（用户系统）设计供、回水温度，℃；

τ_{1g}、τ_{1h}——室外温度为 t_w 时，一级热网的供、回水温度，℃；

τ_{2g}、τ_{2h}——室外温度为 t_w 时，二级热网（用户系统）的供回水温度，℃；

$\bar{q}$——热负荷相对比，$\bar{q} = \dfrac{q}{q}$；

q'、q——供暖室外计算温度 t'_w 及任意室外温度 t_w 下的热负荷，GJ/h。

第III阶段热水流量相对比 $\bar{G}_1 = \bar{G}_2 = 1$，则

$$R_{III} = 1$$

$$\tau_{1g} = \frac{\tau_{2g} - \dfrac{\tau'_{1g} - \tau'_{2g}}{\tau'_{1h} - \tau'_{2h}}\left[\bar{q}(\tau'_{1g} - \tau'_{1h}) + \tau_{2h}\right]}{1 - \dfrac{\tau'_{1g} - \tau'_{2g}}{\tau'_{1h} - \tau'_{2h}}} \tag{3-65}$$

$$\tau_{1h} = \tau_{1g} - \bar{q}(\tau'_{1g} - \tau'_{1h}) \tag{3-66}$$

式中 R_{III}——第III阶段间接连接指数；

τ_{1g}、τ_{1h}——室外温度为 t_w 时，一级热网的供、回水温度，℃；

τ_{2g}、τ_{2h}——室外温度为 t_w 时，二级热网（用户系统）的供回水温度，℃；

τ'_{1g}、τ'_{1h}——一级热网的设计供、回水温度，℃；

τ'_{2g}、τ'_{2h}——二级热网（用户系统）设计供、回水温度，℃；

$\bar{q}$——热负荷相对比，$\bar{q} = \dfrac{q}{q}$；

q'、q——供暖室外计算温度 t'_w 及任意室外温度 t_w 下的热负荷，GJ/h。

五、热网加热器运行模式、出水温度、耗汽量及热负荷

采暖热负荷随室外温度变化而变化，当供热管网以热水作为供热介质，热网加热器中以蒸汽加热热水时，其耗汽量也随室外温度而变化。从热负荷需求、供热系统运行方式出发，可以计算蒸汽量，为下一章汽轮机抽汽供热、锅炉直接引出蒸汽供热的蒸汽量计算等创造条件。

（一）热网加热器的基本情况

热网加热器是热网系统的关键设备，是热电厂的主要辅机设备之一，它主要由气缸、换热管束、循环水入口、循环水出口、蒸汽进口、疏水出口、水侧出口、水侧安全阀、汽侧安全阀、汽平衡出口、汽侧出口、不凝气体出口、维修人孔、水侧防水出口、高位疏水出口、疏水再循环出口、汽侧出口、平衡容器、电接点信号管、玻璃液位计等部件构成。

热网加热器主要功能是利用汽轮机的抽汽或从锅炉引来的蒸汽（加热介质）来加热热网循环水以满足供热用户要求。按加热介质分，热网加热器可分为汽-水换热器，水-水换热器两种。按换热方式分，热网加热器可分为表面式和混合式两种类型。按结构形

式分，热网加热器包括固定管板式、U 形管式和浮头式三种基本形式。按安装形式分，包括卧式和立式两种。按换热管的类型分，有光管、波节管和螺纹管等。常用的热网加热器一般是表面式热交换装置，水在管内流动，加热蒸汽在管外凝结。本书主要讨论表面式汽-水换热器。

按照热网加热器在热网中的任务可以分为基本热网加热器和尖峰热网加热器，基本热网加热器承担热网的基本热负荷，汽、水侧参数均较低；尖峰热网加热器承担热网的尖峰热负荷，汽、水侧参数较高。基本热网加热器和尖峰热网加热器一般串联运行，也可以根据供热需求，采用不同的运行方式。

典型热电厂热网加热设备的原则性热力系统如图 3-9 所示。

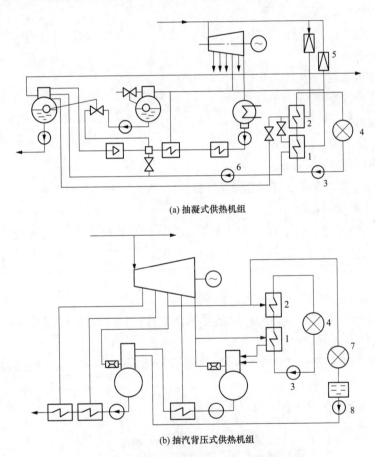

(a) 抽凝式供热机组

(b) 抽汽背压式供热机组

图 3-9　典型热电厂热网加热设备的原则性热力系统
1—基本热网加热器；2—尖峰热网加热器；3—热网水泵；4—采暖热用户；
5—减温减压器；6—热网加热器疏水泵；7—工业热用户；8—热网回水泵

基本热网加热器几乎在整个采暖期间均运行，一般利用汽轮机的 0.12~0.25MPa 的低参数抽汽作为加热蒸汽，可将热网水加热到 95~115℃，能满足绝大部分供暖期间对水温的要求。在冬季最冷月份，要求供暖水温达到 120℃以上，则需启动尖峰热网加热器，尖峰热网加热器常利用 0.7MPa 左右的高参数汽轮机抽汽或经减温减压后的锅炉蒸汽做汽源，可以把水加热到 130～150℃ 或更高，一般它只在采暖期最冷时段与基本负荷加热器串联运行。采用分级加热的主要目的为节省高压抽汽以提高热经济性。热网回水先后经过基本热网加热器和尖峰热网加热器，被逐渐加热。两种蒸汽在加热器中被冷却为 70℃ 左右的疏水。

基本热网加热器和尖峰热网加热器主要在用途方面有所不同，其构造、设计、制造都相似。某项目 300MW 热网加热器的主要参数如下。

（1）型式：卧式 U 形管。

（2）有效换热面积：930m²；总换热面积：930m²。

（3）流程数：2 管程 1 壳程。

（4）终端温差：上端差 18.8℃，下端差 40℃；对数平均温差：过热段 56℃、凝结段 46℃、过冷段 57℃。

（5）总换热系数：10 203kJ/(h·℃·m²)。

（6）管内设计流速：1.43m/s。

（7）焊缝系数：0.85。

（8）额定换热量：120MW。

（9）换热管管径：25mm。

（10）进水温度：55℃；出水温度：120℃。

（11）循环水量：1588t/h。

（12）换热管长度：8m；换热管根数：1536；换热管材质：316L 无缝。

（13）管侧设计压力：1.6MPa；管侧设计温度：135℃；壳侧设计压力：1.0MPa；壳侧设计温度：250℃；加热器出口疏水温度：95℃。

（14）管侧压降：0.028MPa；壳侧压降：0.049MPa。

（15）疏水箱总容积：1.5m³；加热器筒体直径：1.6m；加热器长度：11m；热网加热器总高度：3700mm（含疏水罐）。

（16）加热器净质量：22 000kg；加热器运行质量：37 000kg；加热器满水质量：52 000kg。

典型热网加热器的外形图如图 3-10 所示。

图 3-10 典型热网加热器的外形图

（二）热网加热器的运行模式

根据热力学第二定律，传热温差越大，不可逆损失就越大，但同时传热过程就越快，为实现两方面的平衡，加热蒸汽参数必须与供热热水温度相匹配。

在实际工程中，不可能引出一系列温度逐渐增加的蒸汽加热供热回水，使加热蒸汽参数与供热热水温度始终相匹配。为节约能源，减少蒸汽用量，一般引出1路低参数加热蒸汽（或称基本热源）和1路高参数加热蒸汽（或称尖峰热源），同时布置1台（1组）基本热网加热器和1台（1组）尖峰热网加热器。其运行方式为如下。

第1阶段：当环境温度较高，热负荷较小，所需要的热网供水温度较低时，采用低参数蒸汽加热基本热网加热器即可满足要求。

第2阶段：当环境温度渐低，热负荷较大，所需要的热网供水温度较高时，基本热网加热器和尖峰热网加热器串联工作，低参数加热蒸汽先引入尖峰热网加热器换热，其疏水即进入基本热网加热器扩容，与另一部分进入基本热网加热器的低参数加热蒸汽共同换热。

第3阶段：当环境温度更低，热负荷更大，所需要的热网供水温度更高时，基本热网加热器和尖峰热网加热器串联工作，高参数加热蒸汽专门用于加热尖峰热网加热器，其疏水进入基本热网加热器扩容继续加热给水，不能满足加热需要时，抽汽进入基本热网加热器补足供热。

为计算不同情境下的蒸汽耗量，需要首先确定从第1阶段到第2阶段，以及从第2阶段到第3阶段的转折点。

1. 从第1阶段到第2阶段（从基本热网加热器单独运行到基本热网加热器和尖峰热网加热器串联运行）的转折点

根据供暖热负荷供热调节基本方程式，有 $\tau_g - \tau_h = \dfrac{\overline{q}}{\overline{G}}(\tau_g' - \tau_h')$，即 $\tau_h = \tau_g - $

$\dfrac{\overline{q}}{\overline{G}}(\tau_g' - \tau_h')$，其中变量为 $\overline{q}$，已知量为 τ_g'、τ_h'、$\overline{G}$，函数 $\tau_g = f(\overline{q})$，函数 $\tau_h = f(\overline{q})$，可以将两个函数绘制成以相对热负荷为横坐标的供水温度曲线和回水温度曲线，因为 $\tau_h = \tau_g - \dfrac{\overline{q}}{\overline{G}}(\tau_g' - \tau_h')$，则供水温度曲线 $\tau_g = f(\overline{q})$ 在回水温度曲线 $\tau_h = f(\overline{q})$ 之上，两者相差 $\dfrac{\overline{q}}{\overline{G}}(\tau_g' - \tau_h')$，如果为质调节，随着 $\overline{q}$ 的增长，两条曲线差距将越来越大，呈现类似喇叭状，供水温度线、回水温度线如图3-11所示。

随着热负荷的增大，存在供水温度与回水温度之差等于基本热网加热器额定温升 $\delta\tau_e$ 的临界热负荷 $\overline{q_e}$，当 $\overline{q} \leqslant \overline{q_e}$ 时，$\tau_g - \tau_h \leqslant \delta\tau_e$，即采用基本热网加热器即可满足供热需求；当 $\overline{q} > \overline{q_e}$ 时，$\tau_g - \tau_h > \delta\tau_e$，即基本热网加热器出口温度最多为 $\tau_h + \delta\tau_e < \tau_g$，不能满足供热需求，需要再安排尖峰热网加热器。此时，因为低参数蒸汽仍然可满足供热需求，并不需要采用高参数蒸汽，尖峰热网加热器和基本热网加热器的构造无本质区别，两级加热的目的主要在于突破额定温升限制。具体操作方式为先引低参数加热蒸汽进入尖峰热网加热器换热，其疏水即进入基本热网加热器，与另一部分进入基本热网加热器的低参数加热蒸汽共同换热。

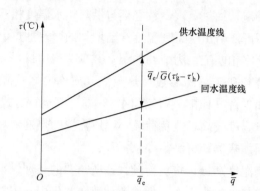

图 3-11　供水温度线、回水温度线

由 $(\tau_g - \tau_h) = \dfrac{\overline{q}_e}{\overline{G}}(\tau'_g - \tau'_h) = \delta\tau_e$，可得

$$\overline{q}_e = \frac{\delta\tau_e}{(\tau'_g - \tau'_h)}\overline{G} \tag{3-67}$$

进一步可以求得

$$t_{we} = t_N - (t_N - t'_w)\overline{q}_e \tag{3-68}$$

式中　　　q'、q——供暖室外计算温度 t'_w 及任意室外温度 t_w 下的热负荷，GJ/h；

G'、G——供暖室外计算温度 t'_w 及任意室外温度 t_w 下的循环水流量，t/h；

$\overline{G}$——热水流量相对比，$\overline{G} = \dfrac{G}{G'}$；

τ_g、τ_h——室外温度为 t_w 时，供水、回水温度，℃；

τ'_g、τ'_h——供暖室外计算温度 t'_w 下的供水和回水温度，℃；

$\delta\tau_e$——热网加热器额定温升，一般为 40~50℃；

t_{we}、τ_{ge}、τ_{he}、$\overline{q}_e$——从第 1 阶段到第 2 阶段（从基本热网加热器单独运行到基本热网加热器和尖峰热网加热器串联运行）转折点处的室外温度、热网给水温度、热网回水温度、热负荷相对比。

故在供水温度线上的转折点为 (t_{we}, τ_{ge}) 或 $(\overline{q}_e, \tau_{ge})$，在回水温度线上的转折点为 (t_{we}, τ_{he}) 或 $(\overline{q}_e, \tau_{he})$。

还可以通过式（2-30）确定该负荷和室外温度对应热负荷持续曲线上的 T_e。

值得指出的是，对于热网加热器而言，设备参数可能给出额定的进水温度和额定出水温度，但作为换热器，最根本的技术特征还是加热热水的温升。额定出水温度减去额定进水温度可得到热网加热器额定温升 $\delta\tau_e$。

2. 从第 2 阶段到第 3 阶段（从仅采用低参数蒸汽加热到同时采用低参数蒸汽和高参数蒸汽加热）的转折点

（1）低参数加热蒸汽对应的最高加热热水出水温度 τ_{jk} 和高参数加热蒸汽对应的最高加热热水温度 τ_{fk}。采用蒸汽加热回水，获得的供水温度是有极限的。相对顺流运行，热网加热器中蒸汽侧与热水侧逆流运行时可以获得更高的出水温度，出水温度的值为凝结水温度减去端差。

凝结水温度不高于蒸汽压力对应的饱和水温度。换热器传热端差包括上端差和下端差，逆流运行时，上端差是高温侧入口介质温度（或抽汽压力对应的饱和温度）与低温侧介质出口温度差，下端差是高温侧介质出口温度与低温侧入口介质温度差，如不特别强调，一般所说的"端差"，就是"上端差"。端差主要与换热器流道布置位置、长度、流程和材质导热系数大小、厚薄有关，由设计决定，但运行中可能因加热器受热面结垢、加热器内积聚空气、凝结水位过高等因素导致端差增大。

当低参数加热蒸汽换热得到的热网加热器出口水温度无法满足热网供水温度要求时，就需要从第2阶段切换到第3阶段，也即从仅采用低参数蒸汽加热到同时采用低参数蒸汽和高参数蒸汽加热。

基本热网加热器使用的低参数加热蒸汽压力在 0.12～0.25MPa，尖峰热网加热器的高参数加热蒸汽压力在 0.7MPa 左右，由水蒸气热力性质表可以查到各蒸汽压力的饱和水温度，如表 3-1 所示。

表 3-1　　　　　　　　　　各蒸汽压力的饱和水温度

压力（MPa）	饱和温度（℃）
0.1	99.6
0.2	120.2
0.3	133.5
0.4	143.6
0.5	151.8
0.6	158.8
0.7	165
0.8	170.4
0.9	175.4
1	179.9

也可以根据表 3-1 的蒸汽压力与饱和温度数据拟和曲线，方便进行计算。例如，可以采用幂函数拟合，得出饱和水温度 $\tau_b = 180.71 p_b^{0.2555}$，该式中饱和水温度 τ_b 的单位为℃，加热蒸汽压力 p_b 的单位为 MPa，拟合优度 $R^2 = 0.9995$。

加热器的上端差（加热蒸汽饱和温度和热水出口温度）是设备的重要参数，正常运行中越小越好，一般取 5～7℃，最大不超过 10℃。

由加热蒸汽饱和温度和加热器上端差 θ，可以得出低参数加热蒸汽对应的最高加热水出水温度 τ_{jk}，即

$$\tau_{jk} = \tau_{jb} - \theta \tag{3-69}$$

和高参数加热蒸汽对应的最高加热水温度 τ_{fk}，即

$$\tau_{fk} = \tau_{fb} - \theta \tag{3-70}$$

（2）由低参数加热蒸汽对应的最高热网加热器出水温度 τ_{jk} 确定临界热负荷、临界环境温度及延时时间。

令供水温度 $\tau_g = \tau_{jk}$，可以求出用 τ_{jk} 表示出的 $\overline{q}$，设此时 $\overline{q} = \overline{q}_{jk}$，相应的环境温度为 t_{wjk}，对应的延时时间点为 T_{jk}。

以无混水直接连接为例，则

$$\tau_{jk} = \tau_g = t_N + 0.5(\tau_g' + \tau_h' - 2t_N)(\overline{q}_{jk})^{\frac{1}{1+b}} + 0.5(\tau_g' - \tau_h')\frac{\overline{q}_{jk}}{G} \tag{3-71}$$

式中　τ_{jk}、τ_{fk}——低参数加热蒸汽、高参数加热蒸汽对应的最高热网加热器出水温度，℃；

　　　τ_{jb}、τ_{fb}——低参数加热蒸汽、高参数加热蒸汽的饱和水温度，℃；

　　　　　θ——端差，为简化计，假定低参数加热蒸汽、高参数加热蒸汽加热时换热器的端差相同，℃。

由此可以求出 $\overline{q}_{jk}$，根据 $t_{wjk} = t_N - (t_N - t_w')\overline{q}_{jk}$ 可以求出 t_{wjk}，根据式（2-30）得出 T_{jk}。

3. 关于两个转折点的关系

因换热器本身技术参数额定温升 $\delta\tau_e$ 而确定的转折点临界热负荷 $\overline{q}_e$（或临界环境 t_{we}）与因加热蒸汽加热蒸汽压力 p_{jk} 而确定的临界热负荷 $\overline{q}_{jk}$（或临界环境温度 t_{wjk}）之间的关系如下。

（1）一般有 $\overline{q}_e \leqslant \overline{q}_{jk}$（或者 $t_{we} \geqslant t_{wjk}$）。$\overline{q}_e$ 由换热器本身技术参数决定，作为基本热网加热器，在设计时就考虑了其主要应用于产生低温热水（一般在 120℃ 以下），并采用基本热网加热器和尖峰热网加热器两级加热，故其不太可能设计过高的额定温差，使需要在基本热网加热器中就需要切换高参数蒸汽加热。

（2）可能不存在 $(\tau_g - \tau_h) = \dfrac{\overline{q}_e}{G}(\tau_g' - \tau_h') = \delta\tau_e$ 的点，无法得出 $\overline{q}_e$ 或 t_{we}。在前文推导 $\overline{q}_e$ 时，前提为质调节，即 G 为恒定不变的常数，故供水温度曲线和回水温度曲线整体呈喇叭状，因而存在 $(\tau_g - \tau_h) = \dfrac{\overline{q}_e}{G}(\tau_g' - \tau_h') = \delta\tau_e$ 的点。

但如果不是质调节，则可能并不存在 $\overline{q}_e$，例如，分阶段质调节中，如果随着 $\overline{q}$ 的增大，在某处 G 大幅增加，则 $\dfrac{\overline{q}}{G}(\tau_g' - \tau_h')$ 可能大幅减少，从而不存在 $(\tau_g - \tau_h) = \dfrac{\overline{q}_e}{G}(\tau_g' - \tau_h') = \delta\tau_e$ 的点。

还有一种非常特殊的情况，即前文提到的 $\dfrac{\overline{q}}{G} = 1$（实际上 $\dfrac{\overline{q}}{G}$ 为正的常数即可），此时 $\tau_g - \tau_h$ 为常数，即供水温度曲线和回水温度曲线为平行线，这种情况下，也不存在 $(\tau_g - \tau_h) = \dfrac{\overline{q}_e}{G}(\tau_g' - \tau_h') = \delta\tau_e$ 的点。

若不存在 $(\tau_g - \tau_h) = \dfrac{\overline{q}_e}{G}(\tau_g' - \tau_h') = \delta\tau_e$ 的点，可采用基本热网加热器额定热水出口

温度 τ'_j，用于计算临界点。

令供水温度 $\tau_g = \tau'_j$，可以求出用 τ'_j 表出的 $\bar{q}$，设定此 $\bar{q} = \bar{q}_j$，相应的环境温度为 t_{wj}，对应的延时时间点为 T_j。

以无混水直接连接为例，即

$$\tau'_j = \tau_g = t_N + 0.5(\tau'_g + \tau'_h - 2t_N)(\bar{q}_j)^{\frac{1}{1+b}} + 0.5(\tau'_g - \tau'_h)\frac{\bar{q}_j}{G} \tag{3-72}$$

由此可以求出 $\bar{q}_j$，根据 $t_{wj} = t_N - (t_N - t'_w)\bar{q}_j$ 可以求出 t_{wj}，根据式（2-30）得出 T_j。

（三）热网加热器的耗汽量及热负荷计算

因为实际工程中很少进行量调节，最多为分阶段改变流量的质调节，所以大多数情况下热网流量可以认为是已知量。本章前文中，花了很大篇幅计算热网的供水、回水温度，它们是随供热对象、环境温度、运行调节方式变化而变化的变量。在前文充分讨论的基础上，在本小节进一步计算热网加热器的耗汽量及热负荷时，热网的供水、回水温度也作为计算的已知量。

满足相同的供热需求、相同的供回水温度时，热网加热器不同的运行模式，对应的蒸汽耗量和热负荷并不相同。前文提到的三阶段运行模式是一种最节能的运行模式，本书计算的蒸汽耗汽量和热负荷就是针对这种节能运行模式，因此需要分三个阶段分别计算蒸汽耗汽量和热负荷。

1. 第 1 阶段（低参数蒸汽加热基本热网加热器）

此阶段时，室外温度较高，范围为 $t_{we} \sim t_{wq}$ [t_{wq} 为供水（回水）—室外温度曲线横坐标的起点，是计算范围内的最高温度，可以认为 $t_{wq} = 5℃$，即供暖系统开始供暖的温度]，相应的供热热负荷范围为 $\bar{q}_q \sim \bar{q}_e$，热负荷持续曲线对应的时间为 $T_q \sim T_e$。此阶段供热终端热负荷较小，所需要的热网供水温度较低时，采用低参数蒸汽加热基本热网加热器即可满足要求。

在此阶段，基本热网加热器的热负荷 $q_1 = cG(\tau_g - \tau_h)$。供热热量来源于热网加热器中蒸汽凝结换热。关于热网加热器的加热过程和温度变化过程，焓值为 i_j 的蒸汽，经换热后首先变成饱和水（饱和水焓为 $\bar{t}_{bj}$），然后进一步冷却为过冷的凝结水排出，凝结水的出口温度为 τ_{sj}，则单位质量蒸汽的放热量为 $(i_j - \bar{t}_{bj}) + c(\tau_{bj} - \tau_{sj})$，其中包含的主要热量为蒸汽的汽化潜热。凝结水的出口温度为 τ_{sj}，等于热网回水温度 τ_h 与下端差 θ_j 之和，有 $\tau_{sj} = \tau_h + \theta_j$，则单位蒸汽的放热量为 $(i_j - \bar{t}_{bj}) + c(\tau_{bj} - \tau_h - \theta_j)$，供给至用户的热量为 $[(i_j - \bar{t}_{bj}) + c(\tau_{bj} - \tau_h - \theta_j)]\eta_h$。因此有

$$[(i_j - \bar{t}_{bj}) + c(\tau_{bj} - \tau_h - \theta_j)]\eta_h \cdot D_1 = cG(\tau_g - \tau_h) \tag{3-73}$$

即有

$$D_1 = \frac{cG(\tau_g - \tau_h)}{[(i_j - \bar{t}_{bj}) + c(\tau_{bj} - \tau_h - \theta_j)]\eta_h} \tag{3-74}$$

总蒸汽量为 $\int_{T_q}^{T_e} D_1 d(T - 120)$。

式中　i_j——热网加热器工作的低参数蒸汽的焓，kJ/kg；

$\overline{t}_{bj}$——基本热网加热器低参数蒸汽凝结后的饱和水焓，kJ/kg；

c——水的比热容，一般取 $c=4.2$kJ/(kg·℃)；

τ_{bj}、θ_j——热网加热器低参数蒸汽饱和水温度、热网加热器下端差，℃；

τ_g、τ_h——热网供水、回水温度，℃；

η_h——换热器效率，一般取 98%；

D_1——第1阶段采暖热负荷的蒸汽耗量，t/h；

G——热网热水流量，t/h；

T_q、T_e——所需计算的负荷所在计算区段起点与终点延时数，用式（2-30）计算，h；

T——采暖期内任意延时数，h。

2. 第2阶段（低参数蒸汽加热基本热网加热器和尖峰热网加热器）

在 $t_{we}\sim t_{wj}$ 区段，以基本热源（即低参数蒸汽）为工作介质，基本热网加热器和尖峰热网加热器串联工作。

此工况基本热源先进入尖峰热网加热器工作，其疏水即进入基本热网加热器扩容，与另一部分进入基本热网加热器的基本热源共同工作，基本热源总用汽量计算与第一阶段类似，仅边界条件不同。

3. 第3阶段（低参数蒸汽加热基本热网加热器、高参数蒸汽加热尖峰热网加热器）

$t_{wj}\sim t_{wz}$ 区段，尖峰热源（即高参数蒸汽）加热尖峰热网加热器，其疏水进入基本热网加热器扩容继续工作，不能满足负荷需要部分由低参数蒸汽直接进入基本热网加热器补足。

为尽可能节能，在此阶段，调节低参数蒸汽流量以保证基本热网加热器的出口温度为 τ_j'（或者为 $\tau_h+\delta\tau_e$，即在回水温度的基础上增加额定温升）。调节高参数蒸汽量使得尖峰热网加热器出口水温度为热网供水温度 τ_g，即可满足供热需求。如前文所述，热网供水温度 τ_g、热网回水温度 τ_h 都是由热用户的相对负荷 $\overline{q}$、热水相对流量 $\overline{G}$ 等参数决定的，可以认为是已知量（虽然会随环境温度的变化而变化）。

尖峰热网加热器的热负荷 $q_f=cG(\tau_g-\tau_j')$。高参数蒸汽的焓值为 i_f，经换热后变成首先变成饱和水（饱和水焓为 $\overline{t}_{bf}$），然后进一步冷却为过冷的凝结水排出，凝结水的出口温度为 τ_{sf}，则单位质量蒸汽的放热量为 $(i_f-\overline{t}_{bf})+c(\tau_{bf}-\tau_{sf})$，其中包含的主要热量为蒸汽的汽化潜热。凝结水的出口温度 τ_{sf} 等于尖峰热网加热器进口温度 τ_j' 与下端差 θ_f 之和，有 $\tau_{sf}=\tau_j'+\theta_f$，则单位蒸汽的放热量为 $(i_f-\overline{t}_{bf})+c(\tau_{bf}-\tau_j'-\theta_f)$，供给至热网热水的热量为 $[(i_f-\overline{t}_{bf})+c(\tau_{bf}-\tau_j'-\theta_f)]\eta_h$。因此有

$$[(i_f-\overline{t}_{bf})+c(\tau_{bf}-\tau_j'-\theta_f)]\eta_h \cdot D_{3f}=cG(\tau_g-\tau_j') \qquad (3-75)$$

即有

$$D_{3f}=\frac{cG(\tau_g-\tau_j')}{[(i_f-\overline{t}_{bf})+c(\tau_{bf}-\tau_j'-\theta_f)]\eta_h} \qquad (3-76)$$

基本热网加热器的热负荷、蒸汽用量等计算稍微复杂，因为从尖峰热网加热器来的凝结水还要参与加热过程。

基本热网加热器的热负荷 $q_j=cG(\tau_j'-\tau_h)$。低参数蒸汽和从尖峰热网加热器来的凝

结水共同加热热网水，低参数蒸汽加热和凝结的过程与前文所述类似，这里不再赘述，从尖峰热网加热器来的凝结水加热的过程则是简单的换热过程。由换热器能量平衡可列式，即

$$[(i_j - \bar{t}_{bj}) + c(\tau_{bj} - \tau_h - \theta_j)]\eta_h \cdot D_{3j} + c(\tau_j' + \theta_f - \tau_h - \theta_j)D_{3f} = cG(\tau_j' - \tau_h) \tag{3-77}$$

故有

$$D_{3j} = \frac{cG(\tau_j' - \tau_h) - c(\tau_j' + \theta_f - \tau_h - \theta_j)D_{3f}}{[(i_j - \bar{t}_{bj}) + c(\tau_{bj} - \tau_h - \theta_j)]\eta_h} \tag{3-78}$$

低参数和高参数的总蒸汽量为 $\int_{T_{wj}}^{T_{wz}} (D_{3j} + D_{3f})d(T - 120)$。

式中　i_j、i_f——低参数蒸汽、高参数蒸汽的焓，kJ/kg；

　　　　c——水的比热容，一般取 4.2kJ/(kg·℃)；

τ_g、τ_h、τ_j'——热网供水温度（尖峰热网加热器出口温度）、热网出水温度、基本热网加热器出口温度，℃；

　　θ_j、θ_f——基本热网加热器和尖峰热网加热器的下端差，℃；

　　　　η_h——热网加热器热效率，假定尖峰和基本热网加热器的效率相等，一般取 $\eta_h = 98\%$；

D_{3j}、D_{3f}——第 3 阶段基本热网加热器、尖峰热网加热器采暖期消耗的低参数蒸汽耗量、高参数蒸汽耗量，t/h；

　　　　G——热网中的热水流量，t/h；

T_{wj}、T_{wz}——第 3 阶段热负荷持续曲线的起点与终点延时时刻，h。

第三节　供热管网和长输管线概况

一、供热管网概况

在前文的分析中，虽然有时可能习惯性地称为"管网"，但更多的时候实际上在分析管道或管线。实际工程中，尤其是对一片区域进行供暖时，由热源与热力站之间的管线（一级网）、热力站与热用户之间的管线（二级网）等多条管线，以及中继泵站、热力站、混水泵站等组成大型集中式供热系统，多条管线构成网状结构，形成供热管网。

供热管网建设工程量大，其布置方式、管线路径和敷设方式等都较为复杂，涉及管道水力计算、管道热补偿及管道支架载荷等复杂计算。本书仅简单介绍供热管网的平面布置形式、敷设方式、热力站、热网节能措施等，对其他内容感兴趣的读者可以参考相关的书籍。

（一）供热管网的平面布置形式

1. 热水供热管网的平面布置形式

热水管网平面布置形式应遵循的基本原则是保障供热安全、可靠、经济、节能。根

据热水管网布置形式的不同，可分为枝状管网和环状管网。

（1）枝状管网。传统的集中式供热热水管网大多采用枝状管网布置形式。枝状管网的热媒传输路径顺次由热源经主干线、分支干线和用户支线到达热用户，换热后的热网回水沿相同路线返回热源。枝状管网布置形式简单，管材耗量少，初投资小，运行管理简便。但当热网某点发生故障时，故障点之后的热用户将停止供热，因此，枝状管网存在备用供热能力不足的问题。

枝状管网示意图如图 3-12 所示。

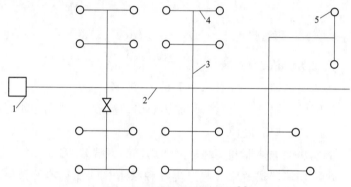

图 3-12　枝状管网示意图[9]

1—热源；2—主干线；3—分支干线；4—用户支线；5—热用户的用户引入口

注：双线管路以单线表示，阀门未标出。

对有几根输配干线的热网系统，宜在输配干线之间设置连通管，当一根干线出现故障时，可以通过关闭干线上的分段阀，开启连通管上的阀门，由另一根干线向故障干线的一部分用户供热，在一定程度上提高了整个热网的供热备用能力。

枝状管网增加连通管示意图如图 3-13 所示。

（2）环状管网。环状布置方式是指热水管网主干线呈环状布置，适用于大型、多热源联合供热，各热源连在环状主管网上，支干线由主管网引出供给热用户，如图 3-14 所示。当主管网某处出现故障时，切除故障段后，可通过环网另一方向保障供热，具有很高的备用供热能力。

（3）热水供热管网平面布置形式的发展。按照热源的个数，供热管网可分为单一热源管网和多热源管网。传统供热管网大部分为单一热源的枝状管网，近年来，随着集中式供热普及率的不断提升，节能环保要求的不断提高，多热源联合供热的管网系统逐渐增多，供热管网呈现大规模化和复杂化的发展趋势。国内外学者对多热源环状管网的水力特性研究日趋完善，工程应用日趋成熟，运行效果较好，使得传统的小规模枝状管网逐步向大规模环状管网过渡。由于环状管网的热网比摩阻较小，各热力站可利用的压头大，可以增强系统的水力稳定性。同时，如果系统中有多个热源，则环状管网配合多热源并网的供热模式可通过调整各个热源的热媒流量及供热量改善系统中最不利环路的供热效果，可以比较理想地实现整个供热系统中热用户的热平衡，从而提高系统运行调度的灵活性和经济性。环网布置方式虽然系统复杂，自动化水平要求高，投资大，但运行

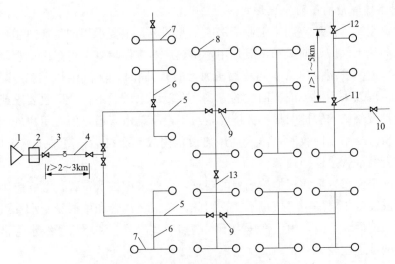

图 3-13　枝状管网增加连通管示意图

1—热电厂；2—区域锅炉房；3—热源出口分段阀门；4—输送干线；5—输配干线；6—支干线；

7—用户支线；8—二级热力站；9～12—输配干线上的分段阀门；13—连通管

注：双线管路以单线表示。

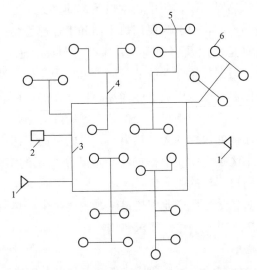

图 3-14　多热源供热系统的环状管网示意图

1—热电厂；2—区域锅炉房；3—环状管网；4—支干线；5—分支管线；6—热力站

注：双线管路以单线表示，阀门未标出。

安全、可靠。另外，由于多热源环状管网结构复杂，备用管段较多，运行调节比较复杂，管网系统有很大的节能潜力。

目前，多热源输配干线互联供热工程改造实践较多。如沈阳城区多热源联网改造工程，以一城多域、一域多片、一片一网、一网多源、主网互联为原则，对城内五个供热大区热网进行联网改造升级，实现供热安全、高效、环保、经济的目标。

2. 蒸汽供热管网的平面布置形式

蒸汽供热系统广泛地应用于工业厂房或工业区域，主要承担向生产热用户供热的任务，同时也向热水供应、通风和供暖热用户供热。蒸汽供热管网可采用单管制（同一蒸汽压力参数）或多管制供热（不同蒸汽压力参数），同时，蒸汽供热系统的凝结水，根据实际情况，可以采用回收或不回收的方式。在凝结水质量不符合回收要求或凝结水回收率很低、敷设凝结水管道明显不经济时，可不设凝结水管道，但在用户处应充分利用凝结水的热量。凝结水回收时，蒸汽在用热设备内放热凝结后，凝结水流出用热设备，经疏水器、凝结水管道返回热源。

蒸汽管网平面布置形式根据热用户的要求，一般采用枝状布置，主要应用于工业开发区。因用汽设备相对集中且数量不多，因此，单根蒸汽管和单根凝结水管组成的双管制蒸汽热网系统最为普遍，由蒸汽压力不同的多根蒸汽管道和单根凝结水管道组成的多管制蒸汽管网系统也较为常见。

（二）热力站

热力站是供热管网与热用户之间的连接场所。它的作用是根据热网工况和用户的需要，采用直接连接或间接连接的方式（一般均为间接连接），将供热管网输送的热媒进行调节、转换，按照热用户的需要分配给各个用户，并进行相关的检测、计量。

根据供热管网输送的热媒不同，集中式供热系统的热力站可分为热水热力站和蒸汽热力站；根据服务对象的不同，可分为民用热力站和工业热力站。

民用热力站服务对象是民用及公用建筑，主要是供暖、通风空调和热水供应热用户，多属于热水热力站。根据位置和功能的不同，可分为供热首站、区域热力站、小区热力站和用户热力站。供热首站是以热电厂为热源，建在热电厂出口，向整个集中式供热一级网提供高参数热水热媒的集中热力交换站。区域热力站是指在大型供热管网的供热主干线和分支干线的连接处设置的大型热力站，目的是为了保证大型供热管网的安全运行，便于集中管理。小区热力站一般是向一个或几个街区的多幢建筑供热的热力站。用户热力站是单栋建筑用户用热的接入口。

工业热力站的服务对象是工厂企业用热单位，主要是生产热用户，根据需要，同时也有供暖、通风空调和热水供应的蒸汽需求热用户，多为蒸汽热力站。

（三）热网节能措施

节约能源是我国经济发展的一项长期战略任务，热网节能措施主要有：

（1）增加热网供、回水温差，以提高能源利用效率和热网输送能力，降低热网造价及节省运行电耗；

（2）选用质量可靠的供热管道保温技术，降低管道热损失；

（3）采用分布式加压泵热水供热系统，变频控制、串联运行，节省运行电耗；

（4）采用计算机自动控制，及时调节热网和热源运行使其与热负荷变化相匹配，最大限度发挥管网供热能力；

（5）设置计量仪表，实行热量计量；

（6）采用高效、节能热力设备；

（7）一级网采用软化水补水，防止设备及管道结垢，提高热效率。

二、供热长输管线和大温差供热

低碳环保是近年供热系统发展的重要原则。小型燃煤热源由于能效低、污染物排放量大，逐步被采用清洁低碳技术的大型热源替代。传统热水管线经济供热半径一般不超过 20km，蒸汽管线供热半径一般不超过 8km，随着节能环保要求的提高，供热系统大型化趋势越来越突出，热网供热半径越来越大，供热长输管线技术应运而生。

供热长输管线包括长输热水管线及长输蒸汽管线。

（一）长输热水管线和大温差供热技术及应用

1. 长输热水管线和大温差供热技术原理

（1）长输热水管线。根据《长输供热热水管网技术标准》（T-CDHA 504—2021），长输热水管线是指从热源至主要厂站（中继泵站、中继能源站或隔压换热站）长度超过 20km 的热水管道及其沿线的管路附件和附属构筑物的总称。

远离城市的大型火力发电机组、沿海核电厂余热量巨大，通过长输管线供热是解决城镇清洁热源潜力不足、未来新增供热需求大和城市低碳替代的主力热源。

长输热水管线是城市供热系统的重要组成部分。由长输热水管网（零级热网）、城市热网（一级热网）、庭院管网（二级热网）共同组成了城市供热的三级热网结构，如图 3-15 所示。

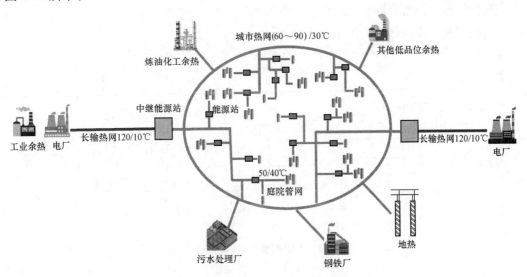

图 3-15　长输热水管线与城市供热系统[3]

（2）大温差供热技术原理。一次热网的实际供水温度一般在 110～130℃ 之间，回水温度约为 60℃，这部分热量无法被利用，造成输送能耗较高。而大温差技术可以做到回水温度在 20℃ 左右，这将给供热系统带来明显的提升：将热网供回水温度由传统的 120℃/60℃ 变为 120℃/20℃ 后，热网的供回水温差显著增大，可以提高长输供暖管线的输送能力 70% 以上，降低了输配环节的能源消耗。同时，若把热网回水温度降低到 20℃ 左右，也有利于回收电厂低品位余热。

所谓大温差供热技术，是指在二级换热站处以吸收式换热机组代替传统的板式换热器，从而使一次管网回水温度降至 30℃ 以下，增大供回水温差的供热技术。

板式换热器与吸收式热泵机组工作示意图如图 3-16 所示。

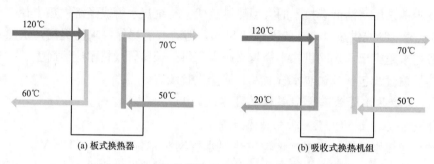

图 3-16 板式换热器与吸收式换热机组工作示意图

该系统与典型吸收式热泵供热系统的构造、原理以及循环流程基本相同。其不同之处在于，用户端采用热水吸收式热泵和水—水换热器组合的方式加热二次网热水，其中一次网高温热水作为热泵驱动热源进入热水吸收式热泵，放热后温度降低进入水—水换热器加热二次网热水，温度再次降低后作为热水吸收式热泵低温热源返回热泵加热二次网热水。该系统能够有效地降低一次网回水温度，增大一次网供回水温差，供热温差较常规热网运行温差增大近 50%。

大温差集中式供热系统图如图 3-17 所示。

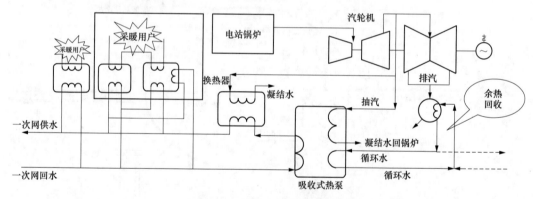

图 3-17 大温差集中式供热系统图

吸收式换热器体积大，而热力站空间不足、改造困难已经成为制约大温差供热技术发展的主要瓶颈。山西太原实现了我国第一个大温差供热系统。为了实现大温差运行，当地热力公司开展了大量的吸收式热泵改造工作。截至 2019 年初，太原古交热电厂采用大温差供热技术的供热面积约占总供热面积的 60%，受热力站空间不足等因素限制，要想进一步提高大温差供热技术供热面积的比例已十分困难。

清华大学针对热网改造困难等大温差技术发展的瓶颈问题，提出了挖掘调峰热源品位实现回水温度降低的集中式吸收式换热技术[8]。建设集中式吸收式换热站可以挖掘利用低品位调峰热源、解决末端改造困难的问题；建设、改造分布式吸收式换热站可以减小末端换热热阻，同时帮助改善集中式换热站的运行调节特性。通过集中式与分布式的互补结合，提高了系统的可行性，保证热源和长输热网在全供暖季高效运行。

2. 长输热水管线和大温差供热系统技术特点

（1）供热系统能源利用效率高。长输热水管线供热系统采用网源一体化的供热节能综合应用技术，一般热源为大型火力发电厂或核电厂。该供热系统能够充分挖掘热电厂的供热潜力，此外，还通过调峰热源驱动热泵，利用低温的热网回水回收低品位余热，提高能源利用效率。

（2）供热能力大。长输热水管网供、回水温差大，一般为 120/（10～20）℃，通过调峰热源驱动热泵，热网回水温度最低可降至 10℃，提高了长输热网的输配能力。城市热网的供、回水温度较低，一般为（60～90）/30℃，便于接入城市热网附近的各种低品位余热。庭院热网温差小（50/40℃），避免因水力失调而造成热损失。采用大温差、大管径以及多级泵等技术进行长输供热，可以大大增加供回水温差、回收低品位余热，提高了管线的输热能力。

燃煤热电联产配合大温差长输管线供热系统如图 3-18 所示。

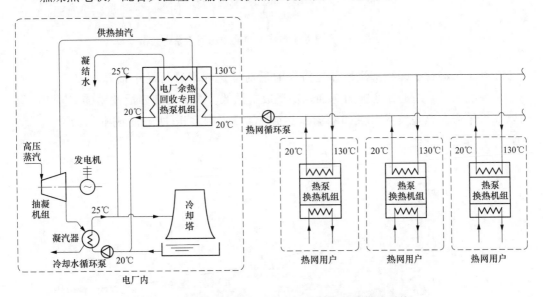

图 3-18　燃煤热电联产配合大温差长输管线供热系统

（3）供热经济性好。长输热水管线供热经济性与经济供热半径的概念密切相关。

供热半径指热源至最远换热站或热用户的沿程长度，供热半径直接影响供热系统的运行方式，间接影响供热损失、运行参数和技术经济性。经济供热半径是根据基于经济比摩阻，保证系统在耗电量和损失之和为最小的最佳状态下运行，可降低集中式供热管网造价。一般热网的供热半径可选择工业蒸汽供热半径为 4～8km，高温水采暖供热半径为 15～20km。

以大温差和余热回收为主要特征的长输供热系统换热与输送技术体系，提高了系统的能源利用效率和管网供热能力，降低了输热成本和电厂供热成本，使其具有更大的经济供热半径。

以 DN1400 管线为例（按热电厂上网电价为 0.42 元/kWh、中继泵站用电价格为 0.65 元/kWh、标准煤价格为 700 元/t、燃气价格为 2.68 元/m³ 计），与燃煤锅炉相比，长输热网经济供热半径达 80km（燃煤锅炉供热成本按 45.0 元/GJ 计），与燃气锅炉相比，长输热网经济供热半径达 240km（燃气锅炉供热成本按 87.5 元/GJ 计）。

大温差供热成本与输送距离关系如图 3-19 所示。

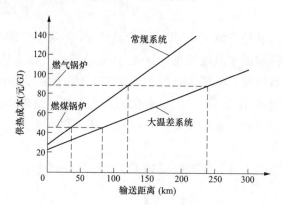

图 3-19　大温差供热成本与输送距离关系[1]

在确定长输管线的经济流速和经济保温后对输送成本进行简单估算，如图 3-20 所示，管径越大，管道的输送能力越强，输送成本越低。对于目前广泛使用的 DN1400 管道，如果采用大温差技术，供回水温差达到 100℃，则输送 1km 的成本约为 0.25 元/GJ，具有非常好的经济性。

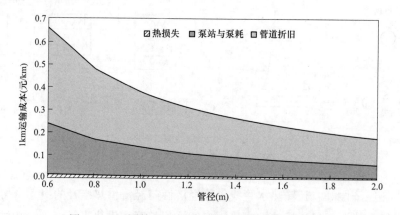

图 3-20　不同管径下 1km 管道运输成本及其构成[1]

（4）保温技术先进。为了保证长输管道的经济性，还采取了技术措施尽量减小局部散热损失。例如，直埋管道中所用的阀门可以采用工厂预制保温，一次性补偿器采用补偿器专用热熔套现场发泡保温等。而对于架空管道更要严格控制长输管道的散热损失，采用钢板外护聚氨酯预制保温管、预装配分体式绝热支座、隔热管道用膨胀节、预制保温固定节等成套减少热损技术。以山西太古供热项目的古交至太原大温差长输供热管线为例，通过上述整体与局部成套减少热损技术，严格控制长输管道的散热损失，实现了37.8km 长输管道（架空管道 47％）全程温降小于 1℃。

（5）供热可靠性提高。通过多热源联网或采取跨季节储热等调峰措施，使长输管网在整个供热期承担基本热负荷，在进一步降低长输管网的供热成本的同时，增加了城市供热系统的可靠性。

（6）水力工况复杂，安全保护要求高。长距离输热管网具有距离长、高差大的特点，输热管道系统在设计和建设过程中要考虑动态水力分析，尤其是多级泵系统。需要充分考虑事故状态的动态安全性，包括事故动态过程中的管内压力超压、负压和汽化问题，以及水击波传播过程中对弯头、固定支架、法兰和补偿器等的应力动荷载问题。如何通过多级泵合理配置构建长输热网的水力工况以及针对事故工况发生超压和失压现象提出一套安全保护方法，使全网在稳态和事故工况下各点不超压和汽化，是保障长输热网安全性的技术难点。以山西太古供热项目的古交至太原大温差长输供热管线为例，应用大高差直连条件下多级热网泵配置技术，建了 6 级泵循环加压工艺，使太古工程仅用单级隔压、长输网压力等级 2.5MPa 就满足了复杂水力条件下（全网高差 260m、长输侧直连高差 180m，长输侧管道阻力 4.41MPa）的热网循环水安全经济输送。

以低品位余热为热源的大温差长输供热模式首次在太原太古长输供热工程中完整应用，对推进北方地区清洁供暖有重要的示范意义。近年来迅速带动石家庄、银川、济南、呼和浩特、西安、乌鲁木齐、青岛、大同及晋城等多个城市启动了大温差长输供热工程，涉及供热面积总计 $11.2×10^8 m^2$，经济效益及社会效益均十分显著。以银川供热一期项目为例，该项目 2018 年 11 月正式投入运行，当年投产即达产。根据 2019 年全年统计数据，电厂机组供电煤耗年下降约为 11g/kWh，年节约标准煤 $16.6×10^4 t$，按标准煤单价 521 元/t 计算，节约成本约为 8700 万元；2019 年供热量为 $1480×10^4 GJ$，供热营业收入约为 6.2 亿元，经济效益显著。一级网温降仅为 0.025℃/km，管损1.3％，技术指标优良。替代城区小锅炉 155 台套，每年减少城区燃煤量 $130×10^4 t$，二氧化硫排放 $1.2×10^4 t$，氮氧化物排放 $2×10^4 t$，烟尘排放 $3.5×10^4 t$，解决了银川市 100多万居民的清洁供暖问题，创造了良好的经济效益和社会效益。

（二）长输蒸汽管线技术及应用

除了城市供热的长输热水管网发展迅速，在工业生产用汽方面，利用现有大型火电机组改造作为主力热源替代燃煤蒸汽锅炉最为经济可行，可实现降低碳排放总量和污染物排放总量的要求。由于大型火力机组均远离市区，大部分工业企业与火力发电厂之间距离较远，近些年越来越多 20km 以上的蒸汽长距离供热管道开始出现。

长距离输送蒸汽，压降及温降的控制是保证满足用户用汽参数的关键技术。在控制温降方面，选用超低导热系数的绝热材料及复合保温结构形式；采用多层耐高温防水材料的保温施工工艺；采用绝热管托等多种降低温降措施。在控制压降方面，采用特种高效大补偿量的补偿方式，通过应力分析优化管道布置等多种降低压降的措施。

长输蒸汽供热管线采用先进疏放水技术，确保安全排水并降低蒸汽损失量；采用多种综合措施实现超低负荷管网安全运行。采用 5G 智慧热网，提升热网自控化运行和管理水平。

长输蒸汽供热技术特点：

（1）蒸汽管道输送距离长，可由常规的 4～8km 延伸至 20～50km。

（2）输送温降小，以 DN350 管道为例，在 50％设计负荷以上时，可由常规的 15℃/km 温降，降为 6～8℃/km。

（3）输送压降小，可由常规的 0.06～0.1MPa/km 压降，降为 0.02～0.03MPa/km。

（4）输送能耗少，以 DN350 管道为例，在 50％设计负荷以上，蒸汽管道质量损耗为 1％～3％。

（5）投资省，长输蒸汽管线投资较常规设计投资节省 5％～10％。

第四章

集中式供热热源的热力系统

在前一章中，已经计算出供热所需热网加热器的蒸汽量，在此基础上，本章主要计算供热汽轮机及其他供热热源的热力系统，得出汽轮机及其他供热热源所需产生的总蒸汽量，为第五章计算供热燃料消耗量、节能减排量奠定基础。

第一节 基于供热汽轮机的热力系统

燃煤机组、核电机组、燃气-蒸汽联合循环机组、余热发电机组均需配置汽轮机，可以实现热电联产，是最主流的集中式供热热源。基于供热汽轮机的热力系统分析，可计算分析热网加热器蒸汽耗量和汽轮机入口蒸汽量间的关系。

其中，燃煤机组、核电机组采用的汽轮机结构和功能最完备，燃煤机组汽轮机最常见，燃气-蒸汽联合循环机组、余热发电机组的汽轮机可以认为是它们的简化版，本书以燃煤机组汽轮机为例，进行热力系统的计算和分析。

一、供热汽轮机分类和调节

（一）汽轮机的分类

供热汽轮机可分为抽汽凝汽式、低真空循环水供热、背压式。

抽汽凝汽式机组分为非调整抽汽机组、纯供热可调整抽汽机组、抽凝式可调整供热机组三大类。非调整抽汽机组抽汽口类似于回热抽汽，不控制抽汽参数，电力出力变化时可能严重影响供热质量，一般也为较小容量机组。纯供热可调整抽汽机组设计时即考虑让其持续供热，其低压缸通流能力比较小，基本上也属于"以热定电"方式运行。抽凝式可调整供热机组在凝汽机组的基础上加装抽汽蝶阀或旋转隔板控制抽汽参数和抽汽量，可进行热、电出力调节，从而可在保证供热的前提下参与调峰，因而本书主要关注抽凝式可调整供热机组，其汽轮机为抽汽凝汽式汽轮机。抽凝式可调整供热机组也有两个亚类型，一种是设计成型时即为热电机组（简称非改造热电机组），抽汽口设计在汽轮机某级，有较固定的抽汽参数；另一种是原为不供热的凝汽机组，在高压缸和中压缸之间的导管、中压缸和低压缸之间的导管上打孔抽汽（简称供热改造机组）。

低真空循环水供热是在凝汽式发电的基础上适度提高背压，利用凝结水供热，这类机组与不供热的纯发电凝汽机组相像（仅仅是背压不同）。

背压式机组相当于凝汽式机组切除了尾部的低压级，背压较高，排汽温度高，排汽全部用于供热，机组完全"以热定电"运行。也可能排汽作为低参数蒸汽供热，在前面某级抽取高参数蒸汽供热，此即抽背机组，装机容量一般在 50MW 以下。

其中，各类汽轮机的热力系统相似，抽汽凝汽式机组最常见，也具有代表性，本书主要分析抽汽凝汽式机组，其他类型的汽轮机可以参照。

（二）汽轮机的调节

根据抽汽压力的不同，机组的抽汽调节结构有所不同，抽汽压力在 0.5MPa 以下时，一般通过在中低压缸连通管安装蝶阀调节供热抽汽量；抽汽压力在 0.5～1.5MPa 时，一般通过在缸体内安装旋转隔板调节抽汽量；抽汽压力在 1.5MPa 以上时，一般通过在缸体外安装抽汽调节阀调节抽汽量。

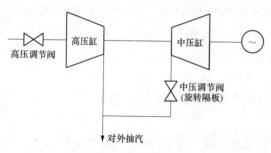

图 4-1　抽汽供热机组电热负荷调节过程示意图

现代汽轮机组对转速、负荷等参数的调节通常采用数字电液调节系统，通过转速感受机构传递压力信号给油动机，由油动机操作汽轮机各调节阀门进行电负荷和热负荷的调节。

以图 4-1 所示的单抽机组为例，介绍热电机组的工作原理和电出力、热出力同时调节方式。

当用电负荷改变（减小）时，转子受到的磁力矩降低，转子转速升高，感受机构（径向泵液动调速系统）测得压差信号增加，引起压力变换器动作，使得高、中压控制油路的泄油阀门同时关小，控制油压力上升，错油门滑阀上移，带动高、中压油动机上移，操控高、中压调节阀关小，高、中压缸通流部分进汽量降低，电出力开始减小，达到了调节电出力的目的。同时，在调节系统的反馈机构作用下，错油门回到中间位置，调节过程结束。

当用电负荷改变引起转速改变，使调速部分动作时，控制热负荷（供热抽汽量）不变的条件是高、中压缸流量的改变量相等。在上述调节过程中，如果压力变换器中滑阀控制高、中压油动机控制油路的泄油口改变量相同时，可满足条件。

供热出力调节是根据调节供热压力实现的，当热负荷变动（减小）时，供热压力升高，压力感受机构（调压器）动作，开大中压控制油路的泄油阀门，操控油动机开大中压调节阀，使得供热出力减小。

二、热电机组热力系统和回热系统

（一）热力系统

热力系统是由热力设备以及不同功能的局部系统构成，其中，热力设备主要为汽轮机本体、锅炉本体（严格来说是"锅"的部分，即锅炉内部的汽水系统等）等；局部系统主要为主蒸汽系统、给水系统、主凝结水系统、回热系统、供热系统、抽空气系统和冷却水系统等。热力系统以回热系统为中心，由汽轮机、锅炉和其他所有局部热力系统有机组合而成，主要用来反映某一工况下系统的配置和运行情况，同时可从热力系统主蒸汽流量及其在各级的通流量、漏汽量及漏汽再利用情况分析得到对应工况下的热经济指标，如主蒸汽流量、发电功率、热耗、煤耗等数据。

哈尔滨汽轮机厂有限责任公司生产的 350MW 亚临界、中间再热热电机组的额定功率工况热力系统图及相关运行参数如图 4-2 所示。从锅炉过热器出口 1034.62t/h 的蒸汽进入主蒸汽母管道，至汽轮机处分成 2 根支管，分别接到汽轮机两侧主汽阀门，主蒸汽经主汽阀门、调节汽阀门，并漏掉 B t/h 蒸汽后，进入高压缸调节级。调节级后，高压缸 1 号回热抽汽口抽汽 71.31t/h 至 1 号高压加热器 HTR.1，同时，高压缸平衡鼓漏汽 D t/h，其中去中压缸冷却汽 E t/h，剩余蒸汽经夹层汇集至高压缸排汽，高压缸末端漏汽 L、N、M t/h 分别引至除氧器、轴封加热器（G.C）和轴封调级器，剩余蒸汽从汽轮机高压缸排汽口出来，一路蒸汽 70.58t/h 进入 2 号高压加热器 HTR.2，另一路蒸汽 868.2t/h 通过再热蒸汽管道进入锅炉再热器进行再热。

从再热器出口联箱出来的 868.2t/h 再热蒸汽分成两路从汽轮机两侧依次经过再热主汽阀门、中压主蒸汽调节门、中压截止阀门、中压进汽套筒，并漏掉蒸汽 K t/h 后，进入汽轮机中压缸做功，在中压缸 3 号回热抽汽口抽走 35.56t/h 的蒸汽连同中压进汽套筒的 K t/h 漏汽进入 3 号加热器 HTR.3。蒸汽在中压缸做完功后，在中压缸轴端处，漏汽 R t/h 和 P t/h 分别去了轴封加热器和轴封调级器，剩余蒸汽一路 81.85t/h 从中压缸的下侧排汽口出来，其中 38.82t/h 作为给水泵汽轮机的驱动热源，另外 43.04t/h 进入 4 号除氧器 HTR.4，在机组冬季采暖时，该路蒸汽还将有一部分为热网加热器所用，另一路蒸汽 752.12t/h 从中压缸上侧排汽口出来，进入汽轮机低压缸继续做功。

低压缸为双缸双排汽结构，共设有 4 个回热抽汽口。在低压缸的第 31 级后为第 5 个回热抽汽口，抽汽 40.7t/h 进入 5 号加热器 HTR.5；第 26 级后为第 6 个回热抽汽口，抽汽 23.99t/h 进入 6 号加热器 HTR.6；第 27、34 级后为第七个回热抽汽口，抽汽 29.39t/h 进入 7 号加热器 HTR.7；第 28、35 级后为第八个回热抽汽口，抽汽 38.57t/h 进入 8 号加热器 HTR.8。蒸汽在低压缸做完功后，在轴端处 T t/h 的轴封漏汽去了轴封加热器，剩余蒸汽连同从轴封调节器出来的 S t/h 蒸汽共 619.86t/h 从低压缸两端排汽口排出，连同来自轴封调节器的 G t/h 漏汽进入凝汽器。

同时，从图 4-2 可以看出，回热系统是汽轮机热力系统的基础，是联系其他汽水系统的纽带，各级回热抽汽、给水、疏水、凝结水、供热抽汽回水、扩容蒸汽、轴封漏汽等都参与回热系统的热力过程，因此，电厂热力系统的计算通常是以回热加热系统为基本单元。回热系统主要设备包括回热加热器（包含除氧器）和疏水装置。

（二）回热系统

1. 回热加热器

回热加热器作为回热系统最主要的设备，按加热器中汽水介质的传热方式划分为混合式和表面式两种。在混合式加热器中，汽水两种介质直接混合并进行传热；在表面式加热器中，汽水两种介质通过金属受热面来实现热量传递。当回热抽汽为过热蒸汽时，蒸汽依次经过加热器的蒸汽冷却段、凝结段、疏水冷却段，在蒸汽冷却段时定压释放热量加热本级加热器，过热蒸汽变为饱和蒸汽，再经凝结段等温等压释放热量后变成饱和疏水，最后进入疏水冷却段进一步释放热量后离开本级加热器；当回热抽汽为饱和蒸汽

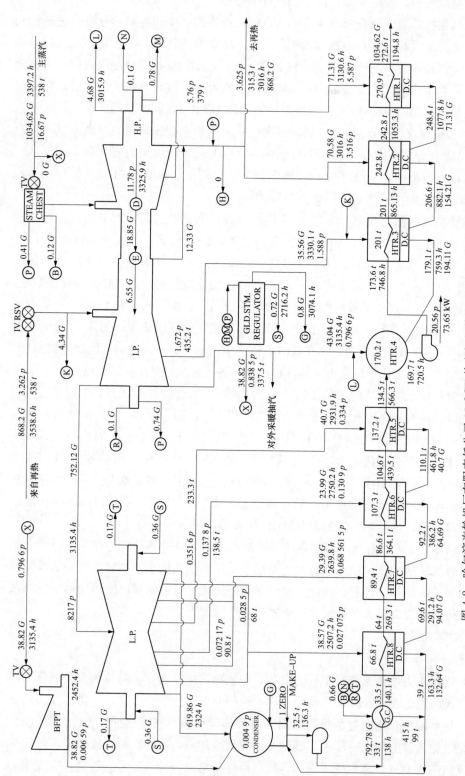

图 4-2 哈尔滨汽轮机厂有限责任公司 350MW 热电机组热力系统图及相关运行参数[9]

p—压力，MPa；t—温度，℃；h—焓，kJ/kg；G—流量，t/h；BFPT—给水泵汽轮机；TV—高压主汽门；IV—中压主汽门；RSV—中压调节门；IV—中压调节门；TV—高压主汽门；RSV—中压调节门；
STEAM CHEST—进汽箱；I.P.—中压缸；H.P.—高压缸；L.P.—低压缸；CONDENSER—凝汽器；GLD. STM. REGULATOR—汽封调节器；
G.C—汽封加热器；HTR. 1～HTR. 8—回热加热器 1～8

时，蒸汽依次进入凝结段与疏水冷却段后离开本级加热器。表面式加热器按水侧承受压力的不同，又分为低压加热器和高压加热器两种，以除氧器作为分界，回热抽汽压力高于除氧器的称为高压加热器；反之，称为低压加热器。

表面式加热器中蒸汽和给水的换热过程如图 4-3 所示，其中 t_i 为过热蒸汽温度，在蒸汽冷却段内等压降温至饱和蒸汽温度 t_{sj}，在凝结段内等温等压放热至饱和疏水，再经疏水冷却段放热后，以出口温度 t_s 离开加热器，同时蒸汽释放热量将加热器给水由进口温度 t_{j-1} 加热至 t_j。图 4-3 中加热器压力下饱和蒸汽温度 t_{sj} 与加热器出口水温 t_j 之差称为加热器上端差（TD）θ，存在过热蒸汽冷却段时 $\theta = -2 \sim 3℃$；无过热蒸汽冷却段时 $\theta = 3 \sim 6℃$。此外，将加热器出口疏水温度 t_s 与本级加热器进口温度 t_{j-1} 之差称为下端差（DC）。

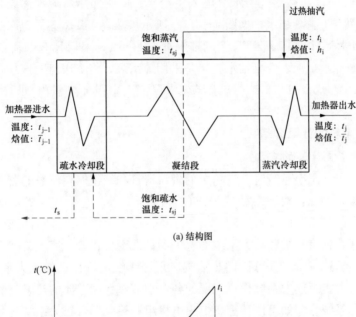

(a) 结构图

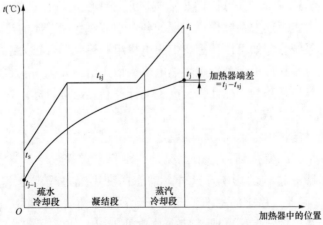

(b) 蒸汽和给水在加热器各处的温度变化

图 4-3　带内置式蒸汽冷却段和疏水冷却段表面式加热器蒸汽和给水换热图

注：为区分计，蒸汽焓采用 h，水焓采用 $\bar{t}$。

图 4-2 所示热力系统中，共分 8 个加热器 HTR.1～HTR.8，其中 HTR.4 为混合式除氧器，HTR.1～HTR.3 为表面式高压加热器，HTR.5～HTR.8 为表面式低压加热器，所有表面式加热器中的 D.C 部分为疏水冷却装置。此外，系统中 G.C 为表面式轴封加热器，利用回收的机组本体轴封漏汽初步加热系统循环水。

2. 疏水装置

疏水装置的作用是将加热器中的蒸汽凝结水及时排走，同时又不让加热器蒸汽随疏水一起流出，以维持加热器内汽侧压力和凝结水水位。为减少工质损失，以及利用疏水热量，表面式加热器汽侧疏水应收集并汇于系统的主水流（主凝结水或主给水）中。收集方式有两种：一是利用相邻加热器汽侧压差，使疏水逐级自流。高压加热器疏水逐级自流（从压力较高加热器到压力较低加热器），最后入除氧器而汇于给水，如图 4-4（a）所示的加热器 HTR.1 的疏水进入 HTR.2，HTR.2 的疏水进入 HTR.3，HTR.3 的疏水进入除氧器 HTR.4，然后经给水泵汇入主给水；低压加热器疏水逐级自流，最后入凝汽器或热井而汇于主凝结水，如图 4-4（a）所示加热器 HTR.5 的疏水进入 HTR.6，HTR.6 的疏水进入 HTR.7，HTR.7 的疏水进入 HTR.8，HTR.8 以及 G.C 的疏水进入凝汽器，经循环水泵汇入主凝结水。二是采用疏水泵，将疏水打入该加热器出口水流中，如图 4-4（b）所示 HTR.8 的疏水经疏水泵汇入本级加热器出口，进而随给水进入 HTR.7。

三、 热力系统的计算准备

（一）热力系统计算的定义

燃煤火电机组变工况运行时，汽轮机的进汽流量和级组（指任意的若干蒸汽流量近似相等的串联级，例如：对不带回热抽汽的纯凝汽机组，整个汽轮机可认为是一个级组；对于有抽汽的机组，两抽汽口间的若干级也构成一个级组）通过的蒸汽流量发生变动，机组的各回热抽汽参数和热力系统的有关参数发生变化，并表现为热力系统膨胀过程线的变化。根据这一特点，可按供热抽汽口划分级组进行计算的热力系统计算方法，得出任何燃煤火电机组热力系统任意工况的各个细节参数和总体的热经济性参数，还可计算拓展的热力系统（譬如可以计算燃煤火电机组和热泵耦合热力系统的最大、最小技术出力）的参数，是从理论上分析燃煤热电机组最大出力变化幅度的根本方法。

热力系统计算包括基准工况计算、变工况计算和热经济指标计算。

1. 热力系统基准工况计算

基准工况不一定是额定工况，指的就是某一确定不变的、稳态的工况。燃煤火电机组运行时，从一个工况变化到另一个工况是一个瞬态过程，但只要出力变化速率不太大，就可以忽略瞬态过程的影响，这样，动态的变工况过程就分解为一个个稳态的、"基准"的工况，因此，稳态的基准工况对于计算非常重要。实际工程中，一般可通过设备制造厂家能获得额定工况（或其他少数典型工况，如 70% 出力工况、50% 出力工况等）的热平衡图，需要据此来计算变工况运行参数，因此计算开始时常选额定工况作为基准工况。

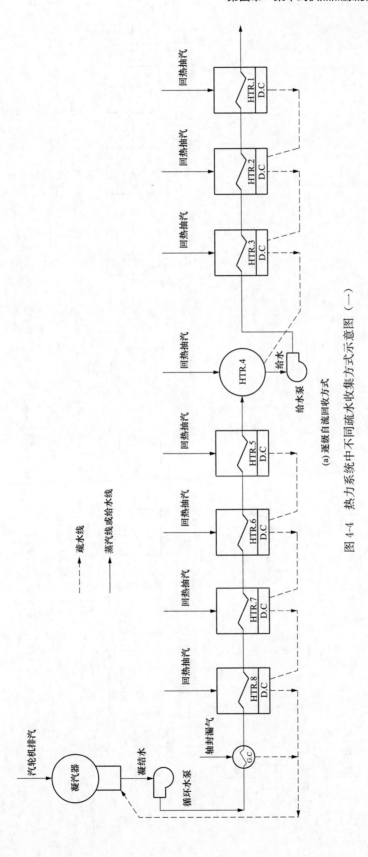

(a) 逐级自流不同疏水收集方式

图 4-4　热力系统中不同疏水收集方式示意图（一）

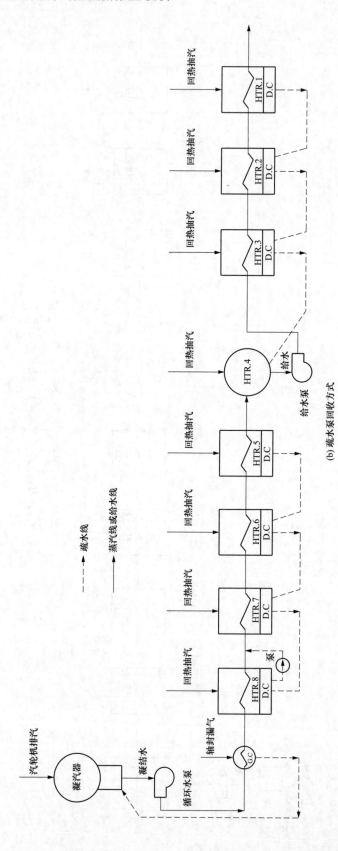

(b) 疏水泵回收方式

图 4-4 热力系统中不同疏水收集方式示意图（二）

热力系统基准工况计算方法包括简捷热平衡法、等效焓降法等，其计算逻辑是根据热力系统给出的汽轮机加热器端差、各级回热抽汽状态参数（压力、温度、焓值），以及主蒸汽、再热蒸汽和排汽的状态参数（压力、温度、焓值、再热器压损、凝汽器压力）等条件，根据各级加热器热平衡求解汽轮机进汽量为 1kg 情况下，各回热抽汽量和凝汽量的份额，进而计算 1kg 蒸汽在汽轮机内膨胀内功，以确定在给定机组出力下主蒸汽流量或在给定主蒸汽流量下机组的发电出力。

2. 热力系统变工况计算

在进行热力系统变工况计算时，主蒸汽流量等流量的变化为已知量，计算目的为重建流量变化后的热力系统膨胀过程线，确定热力系统各处的状态参数（压力、温度、焓值等）。热力系统变工况计算可以由已知状态参数和抽汽凝汽份额的基准工况推导出变工况后（主要是主蒸汽流量变化）的稳态工况（可以理解为新的基准工况）的状态参数，从而为热力系统基准工况计算做好准备。

热力系统变工况计算的核心是弗留格尔公式，它主要用于计算流量变化引起的压力变化。

3. 热力系统热经济指标计算

完成热力系统基准工况计算后，该工况下的状态参数和各回热抽汽量和凝汽量的份额都已经确定，可以据此较方便地计算工况的热经济性参数，对调峰状态下的热经济性进行评估。

评价热力系统的热经济指标主要包括汽耗、热耗、煤耗、效率四类，其中汽耗是本章的重点。

汽轮机组的汽耗量 D_0 和汽耗率 d_0 计算公式为

$$D_0 = \frac{3.6 P_i}{N_i \eta_{jx} \eta_d} \tag{4-1}$$

$$d_0 = \frac{D_0}{P_i} = \frac{3600}{N_i \eta_{jx} \eta_d} \tag{4-2}$$

式中　D_0——汽耗量，t/h；

　　　P_i——汽轮机的发电出力，kW；

　　　N_i——1kg 进汽在汽轮机中的膨胀内功，kJ/kg；

　　　η_{jx}——汽轮发电机组的机械效率；

　　　η_d——汽轮发电机组的发电机效率；

　　　d_0——汽耗率，kg/kWh。

本书重点介绍热力系统计算相关内容。目前我国热电机组中，300MW 级机组占据主流，故主要以 300MW 级热电机组作为案例进行计算和分析。

（二）热力系统参数整理

为方便进行常规热力计算和弗留格尔公式计算，首先需对热力系统原始资料进行归类整理，其中，热力系统的汽水参数可整理为三类：给水在加热器中的焓升，以 ζ_j 表示（单位 kJ/kg），并按加热器号对应为 ζ_1、ζ_2、ζ_3、…、ζ_z（共有 z 级加热器）；蒸汽在加热器中的放热量，以 q_j 表示，并按加热器号对应为 q_1、q_2、q_3、$\cdots$、q_z，其他汽源（回收的系统漏汽等）的放热量则为 q_{fj}；疏水在加热器中的放热量，以 γ_j 表示，并按加热器号对应为 γ_1、γ_2、γ_3、$\cdots$、γ_j。

其次，将加热器分成两类，一类称为疏水放流式加热器，即表面式加热器，其疏水方式为逐级自流；另一类加热器称汇集式加热器，是指混合式加热器或带疏水泵的表面式加热器，其疏水汇集于本加热器的进口或出口。对于疏水自流并汇集于凝汽器，由于热量在凝汽器中释放，属于疏水放流式加热器；当疏水自流汇集于凝汽器热井时或凝结水泵入口时，由于疏水热量得以返回系统，则属于汇集式加热器。疏水放流式和汇集式加热器示意图如图 4-5 所示。

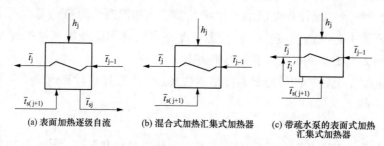

(a) 表面加热逐级自流 (b) 混合式加热汇集式加热器 (c) 带疏水泵的表面式加热
汇集式加热器

图 4-5　疏水放流式和汇集式加热器示意图

h_j—进入加热器的加热蒸汽焓；$\bar{t}_j$—加热器出口的给水焓值；

$\bar{t}_{j-1}$—加热器进口的给水焓值；$\bar{t}_{s(j+1)}$—上一级加热器疏水自流至本级加热器的热水焓值；

$\bar{t}_{sj}$—本级加热器疏水至下一级加热器的热水焓值；$\bar{t}_j'$—通过疏水泵汇流至出口给水的热水焓值

在整理加热器数据时，对于两种类型加热器，其 ζ_j、q_j、γ_j 的计算规定如下：其中，在汇集式加热器中，将过热蒸汽和疏水在加热器内的放热转化为过热蒸汽与加热器入口水焓值之差；在带疏水泵汇集式加热器中，加热器出口水焓值是指混合后的焓值 $\bar{t}_j$，而不是混合点前的焓值 $\bar{t}_j'$，通常 $\bar{t}_j$ 比 $\bar{t}_j'$ 高 $1 \sim 3.5 \mathrm{kJ/kg}$。

疏水放流式加热器有

$$\zeta_j = \bar{t}_j - \bar{t}_{j-1} \tag{4-3}$$

$$q_j = h_j - \bar{t}_{sj} \tag{4-4}$$

$$\gamma_j = \bar{t}_{s(j+1)} - \bar{t}_{sj} \tag{4-5}$$

汇集式加热器有

$$\zeta_j = \bar{t}_j - \bar{t}_{j-1} \tag{4-6}$$

$$q_j = h_j - \bar{t}_{j-1} \tag{4-7}$$

$$\gamma_j = \bar{t}_{s(j+1)} - \bar{t}_{j-1} \tag{4-8}$$

再次，计算时把系统各种附加成分，如漏汽进轴封的利用、泵的焓升以及其他外部热源的利用等，分别归入各自的加热器内，即将附加成分和加热器视为一个加热器整体，归并的原则以相邻两个加热器的水侧出口为界限，凡在此界限内的一切附加成分归并到界限内的加热器中，并且附加成分的下标与加热器一致。此外，当附加成分与加热器蒸汽混合直接放热时，其放热量与该加热器的 q_j 规定相同；当附加成分间接放热时，放热量就是该汽流的真实放热量。附加蒸汽成分热力系统示意图如图 4-6 所示。

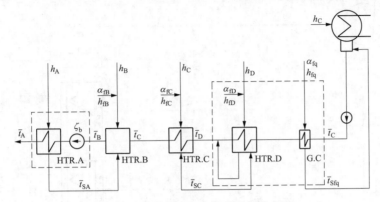

图 4-6　附加蒸汽成分热力系统示意图

图 4-6 中，α_{fB}、α_{fC}、α_{fD} 为回收的分别进入 HTR.B、HTR.C 以及 HTR.D 级加热器的漏汽，α_{fq} 为回收的进入轴封加热器（G.C）的轴封漏汽，ζ_b 为给水泵焓升。其中，虚线框包含的加热器 HTR.D 与附加成分 α_{fD}、α_{fq} 视为一个整体，另一虚线框包含的加热器 HTR.A 与 ζ_b 划为一个整体，其焓升用 ζ_A 表示。各附加成分参数整理为

$$q_{fB} = h_{fB} - \bar{t}_B \tag{4-9}$$

$$q_{fC} = h_{fC} - \bar{t}_{SC} \tag{4-10}$$

$$q_{fD} = h_{fD} - \bar{t}_n \tag{4-11}$$

$$q_{fq} = h_{fq} - \bar{t}_{Sfq} \tag{4-12}$$

$$\zeta_A = \bar{t}_A - \bar{t}_B \tag{4-13}$$

式中　　q_{fB}、q_{fC}、q_{fD}、q_{fq}——进入 HTR.B、HTR.C 以及 HTR.D 级加热器的漏汽，以及进入轴封加热器（G.C）的轴封漏汽在相应在加热器中的放热量；

h_{fB}、h_{fC}、h_{fD}、h_{fq}——进入 HTR.B、HTR.C 以及 HTR.D 级加热器的漏汽，以及进入轴封加热器（G.C）的轴封漏汽的蒸汽焓；

$\bar{t}_A$、$\bar{t}_B$、$\bar{t}_{SC}$、$\bar{t}_n$、$\bar{t}_{Sfq}$——漏气经 HTR.A、HTR.B、HTR.C、HTR.D、G.C 加热器换热后流出加热器的焓值；

ζ_A——HTR.A 和给水泵的焓升。

四、热电机组热力系统基准工况计算

简捷热平衡计算是热平衡计算的一种，计算思路是对热力系统按回热抽汽口划分级组，并对各级加热器及辅助成分［包括辅助蒸汽（漏汽）、纯热量利用、热水回收至主凝结水等］按计算规定归并成加热单元，根据各回热抽汽口参数整理的加热器参数 ζ_j、q_j、γ_j，从最高压力等级单元依次进行能量平衡和流量平衡计算，从而求出 1kg 主蒸汽流量下各级加热器的回热抽汽份额以及再热份额，最终求出系统循环内功率，而系统的循环吸热量则根据初、终参数以及再热吸热量求得。

以图 4-7 所示中的 300MW 等级热电机组为例，阐述常规热力计算的一般过程。热

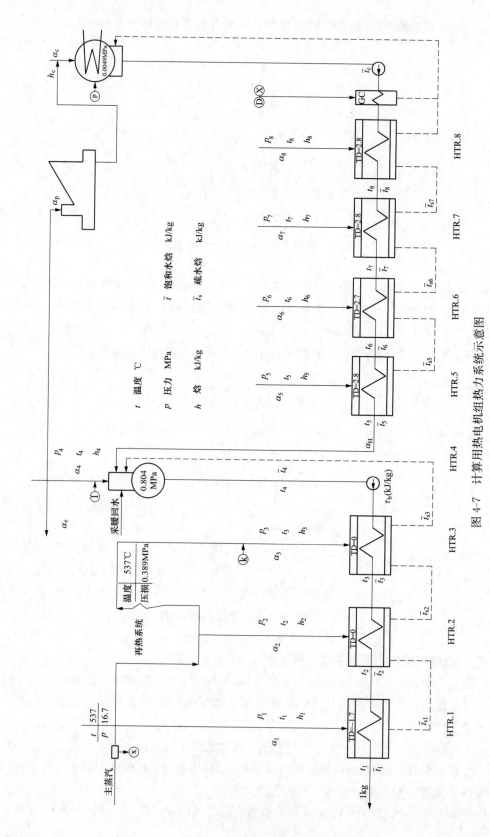

图 4-7 计算用热电机组热力系统示意图

力计算时按 8 个加热器 HTR. 1～HTR. 8 回热抽汽口位置将系统分为 8 个压力级，同时将给水泵、漏汽 K 和 3 号加热器 HTR. 3 划分为 1 个加热单元，轴封加热器 G. C、轴封漏汽 D、轴封漏汽 X 以及 8 号加热器划分为 1 个加热单元，漏汽 I、供热抽汽回水和除氧器 HTR. 4 划分为 1 个加热单元，加热单元的级号与所包含的加热器级号一致。

（一）计算基础数据

1. 主蒸汽系统参数表

计算涉及的主蒸汽系统参数见表 4-1。

表 4-1 主蒸汽系统参数表

抽汽级号	抽汽压力	抽汽温度	抽汽焓值	加热器侧压力	端差	出口饱和水焓	疏水焓值	抽汽放热量	给水焓升	疏水焓升
	p_i	t_i	h_i	p_i'	θ_i	$\bar{t}_i$	$\bar{t}_{si}$	q_i	ζ_i	γ_i
	MPa	℃	kJ/kg	MPa	℃	kJ/kg	kJ/kg	kJ/kg	kJ/kg	kJ/kg
0	p_0	t_0	h_0	—	—	—	—	—	—	—
1	p_1	t_1	h_1	$p_1(1-\xi)$	θ_1	$\bar{t}_1$	$\bar{t}_{s1}$	$h_1-\bar{t}_{s1}$	$\bar{t}_1-\bar{t}_2$	—
2	p_2	t_2	h_2	$p_2(1-\xi)$	θ_2	$\bar{t}_2$	$\bar{t}_{s2}$	$h_2-\bar{t}_{s2}$	$\bar{t}_2-\bar{t}_3$	$\bar{t}_{s1}-\bar{t}_{s2}$
3	p_3	t_3	h_3	$p_3(1-\xi)$	θ_3	$\bar{t}_3$	$\bar{t}_{s3}$	$h_3-\bar{t}_{s3}$	$\bar{t}_3-\bar{t}_4$	$\bar{t}_{s2}-\bar{t}_{s3}$
4	p_4	t_4	h_4	$p_4(1-\xi)$	θ_4	$\bar{t}_4$		$h_4-\bar{t}_5$	$\bar{t}_4-\bar{t}_5$	$\bar{t}_{s3}-\bar{t}_5$
5	p_5	t_5	h_5	$p_5(1-\xi)$	θ_5	$\bar{t}_5$	$\bar{t}_{s5}$	$h_5-\bar{t}_{s5}$	$\bar{t}_5-\bar{t}_6$	
6	p_6	t_6	h_6	$p_6(1-\xi)$	θ_6	$\bar{t}_6$	$\bar{t}_{s6}$	$h_6-\bar{t}_{s6}$	$\bar{t}_6-\bar{t}_7$	$\bar{t}_{s5}-\bar{t}_{s6}$
7	p_7	t_7	h_7	$p_7(1-\xi)$	θ_7	$\bar{t}_7$	$\bar{t}_{s7}$	$h_7-\bar{t}_{s7}$	$\bar{t}_7-\bar{t}_8$	$\bar{t}_{s6}-\bar{t}_{s7}$
8	p_8	t_8	h_8	$p_8(1-\xi)$	θ_8	$\bar{t}_8$	$\bar{t}_{s8}$	$h_8-\bar{t}_c$	$\bar{t}_8-\bar{t}_c$	$\bar{t}_{s7}-\bar{t}_c$
C	p_c	t_c	h_c	p_c	—	$\bar{t}_c$	—	$h_c-\bar{t}_c$	—	—

注 0 级为主蒸汽，C 级为凝汽器。蒸汽焓用 h 表示，水焓用 $\bar{t}$ 表示。

2. 辅助蒸汽系统参数表

计算涉及的辅助蒸汽系统参数见表 4-2。

表 4-2 辅助蒸汽系统参数表

项目	份额（kg）	焓值（kJ/kg）	进入的加热器	放热量（kJ/kg）
	α_{fi}	h_{fi}	HTR. i	q_{fi}
高压缸平衡鼓漏汽 K	α_{fK}	h_{fK}	HTR. 3	$h_{fK}-\bar{t}_4$
高压缸门杆漏汽 X	α_{fX}	h_{fX}	G. C	$h_{fX}-\bar{t}_n$
中压缸门杆漏汽 I	α_{fI}	h_{fI}	HTR. 4	$h_{fI}-\bar{t}_5$
轴封漏汽 D	α_{fD}	h_{fD}	G. C	$h_{fD}-\bar{t}_n$
供热抽汽回水	α_e	h_e	HTR. 4	$h_e-\bar{t}_5$

表 4-2 中水蒸气压力、温度、焓值存在一定的关系，对于过热蒸汽，知道其中两个参数便可求另一参数，对于饱和水或饱和蒸汽，由于压力和温度存在一一对应关系，因

此只需要知道压力或温度便可求出焓值。水蒸气性质的计算可采用 1997 年工业用计算公式（简称 IAPWS—1997 公式）和工业用 1967 年 IFC 公式。

表 4-1 中 ζ 为抽汽压力损失，根据加热器中汽水换热过程，加热器压力 p'_i 下的饱和水温度与加热器端差 θ_i 之和为本级加热器出口饱和水温度，出口饱和水焓 $\bar{t}_i$ 便可由此温度求出。对于无疏水冷却装置的加热器，供热抽汽疏水焓值 $\bar{t}_{si}$ 为 p'_i 对应的饱和水焓值；对于有疏水冷却装置的加热器，疏水焓值 $\bar{t}_{si}$ 可根据加热器下端差求出。

（二）系统热平衡计算

1. 供热抽汽系数计算

基于供热抽汽加热量、疏水加热、辅助加热等于给水焓升的系统热平衡原理，列出各供热抽汽系统的表达式，即

$$\alpha_1 = \frac{\zeta_1}{q_1} \tag{4-14}$$

$$\alpha_2 = \frac{\zeta_2 - \alpha_1 \gamma_2}{q_2} \tag{4-15}$$

$$\alpha_3 = \frac{\zeta_3 - (\alpha_1 + \alpha_2)\gamma_3 - \alpha_{fk} q_{fk} - \zeta_b}{q_3} \tag{4-16}$$

$$\alpha_4 = \frac{\zeta_4 - (\alpha_1 + \alpha_2 + \alpha_3 + \alpha_{fk})\gamma_4 - \alpha_{fl} q_{fl} - \alpha_c q_{fc}}{q_4} \tag{4-17}$$

$$\alpha_H = 1 - \alpha_1 - \alpha_2 - \alpha_3 - \alpha_4 - \alpha_{fk} - \alpha_{fl} - \alpha_c \tag{4-18}$$

$$\alpha_5 = \frac{\alpha_H \zeta_5}{q_5} \tag{4-19}$$

$$\alpha_6 = \frac{\alpha_H \zeta_6 - \alpha_5 \gamma_6}{q_6} \tag{4-20}$$

$$\alpha_7 = \frac{\alpha_H \zeta_7 - (\alpha_5 + \alpha_6)\gamma_7}{q_7} \tag{4-21}$$

$$\alpha_8 = \frac{\alpha_H \zeta_8 - (\alpha_5 + \alpha_6 + \alpha_7)\gamma_8 - \alpha_{fD} q_{fD} - \alpha_{fx} q_{fx}}{q_8} \tag{4-22}$$

凝汽份额 $\alpha_c = \alpha_H - \alpha_5 - \alpha_6 - \alpha_7 - \alpha_8 - \alpha_{fd} - \alpha_{fX} - \alpha_p$，其中 α_p 为进入给水泵汽轮机的蒸汽份额。

再热蒸汽份额 $\alpha_{zr} = 1 - \alpha_1 - \alpha_2 - \alpha_{fK} - \alpha_{fx}$，其中高压缸平衡鼓漏汽份额 α_{fk}、高压缸门杆漏汽份额 α_{fx} 来自再热冷段前。

式（4-14）~式（4-22）中，$\alpha_1 \sim \alpha_8$ 为各级抽汽的抽汽份额，α_{fk}、α_{fx}、α_{fl}、α_{fD}、α_e 的含义见表 4-2。

2. 正平衡计算

1kg 新蒸汽的膨胀内功 N_i 为

$$N_i = \sum_{i=1}^{2} \alpha_i \Delta h_i + \sum_{i=3}^{8} \alpha_i \Delta h_i + \alpha_c \Delta h_c + \alpha_{fk} \Delta h_{fk} + \alpha_{fD} \Delta h_{fD}$$
$$+ \alpha_{fl} \Delta h_{fl} + \alpha_{fx} \Delta h_{fx} + \alpha_e \Delta h_e + \alpha_p \Delta h_p \tag{4-23}$$

式中的 Δh_i 按再热前与再热后计算。再热前，$\Delta h_1=h_0-h_1$、$\Delta h_2=h_0-h_2$、$\Delta h_{fx}=h_0-h_{fx}$、$\Delta h_{fk}=h_0-h_{fk}$；再热后，$\Delta h_{3-8}=h_0-h_{3-8}+\sigma$、$\Delta h_c=h_0-h_c+\sigma$、$\Delta h_{fD}=h_0-h_{fD}+\sigma$、$\Delta h_{fl}=h_0-h_{fl}+\sigma$、$\Delta h_e=h_0-h_e+\sigma$、$\Delta h_p=h_4-h_p+\sigma$。

此外，循环吸热量 $Q=h_0-\bar{t}_1+\alpha_{zr}\sigma$，实际循环效率 $\eta_i=\dfrac{N_i-\tau_b}{Q}$，其中 σ 为 1kg 蒸汽在再热器中吸热量。

3. 反平衡计算

广义能源损失 $Q_c=\alpha_c q_c+\alpha_p(h_p-\bar{t}_c)$，实际循环效率 $\eta_i=\dfrac{Q-Q_c}{Q}$，其中，α_p 为进入给水泵汽轮机的蒸汽份额。

正平衡计算、反平衡计算的循环效率保持一致，表明热系统计算正确，则可根据正平衡计算的 N_i 和 Q 进行热经济指标的计算。简捷热平衡法正平衡、反平衡计算流程图如图 4-8 所示。

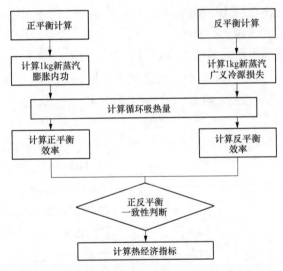

图 4-8　简捷热平衡法正平衡、反平衡计算流程图

（三）辅助系统计算

1. 给水泵汽轮机的数学模型

作为燃煤火电机组的重要辅助设备，给水泵是耗能最大的辅机，大功率机组给水泵的拖动多数采用小型汽轮机，称为给水泵汽轮机。给水泵汽轮机的汽源一般可由新蒸汽或汽轮机的抽汽供给，采用新蒸汽可避免低负荷和启动前的汽源切换，但经济性较低，一般只作为给水泵汽轮机的备用汽源或低负荷切换汽源，正常工况下给水泵汽轮机的汽源采用汽轮机的抽汽，其抽汽位置与给水泵汽轮机的型式选择有关，而目前给水泵汽轮机多为采用低压进汽的凝汽式汽轮机，蒸汽在给水泵汽轮机内的焓降大，效率较高。

通过给水泵的给水焓升，求解给水泵汽轮机的耗汽流量 α_p，计算公式为

$$\alpha_p = \frac{\alpha_{gs}\,\zeta_b}{(h_{st\_in} - h_{st\_out})\eta_{st}} \tag{4-24}$$

式中　α_p——给水泵汽轮机的耗汽流量，kg/h；

　　　α_{gs}——给水流量，kg/h；

　　　ζ_b——给水泵的给水焓升，kJ/kg；

　　　h_{st_in}——给水泵汽轮机进汽比焓，kJ/kg；

　　　h_{st_out}——给水泵汽轮机排汽比焓，kJ/kg；

　　　η_{st}——给水泵汽轮机机械效率。

给水在泵内的焓升 ζ_b 计算式为

$$\zeta_b = \frac{v_p(p''_b - p'_b) \times 10^3}{\eta_b} \tag{4-25}$$

式中　ζ_b——给水在泵内的焓升，kJ/kg；

　　　v_p——水在泵内的平均比体积，m³/kg；

　　　p''_b——水泵的出口压力，MPa；

　　　p'_b——水泵的入口压力，MPa；

　　　η_b——给水泵的机机械效率，一般为 $80\% \sim 82\%$。

在热平衡计算中，将蒸汽在给水泵汽轮机内的做功 $\alpha_{gs}(h_{st\_in} - h_{st\_out})$ 也视为系统膨胀内功，而给水泵汽轮机排汽在凝汽器内的冷源损失 $\alpha_{gs}(h_{st\_out} - \bar{t}_n)$ 也纳入系统的广义冷源损失。

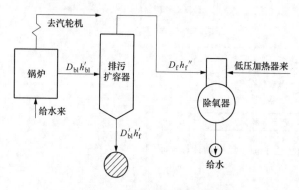

图 4-9　锅炉连续排污扩容系统

2. 锅炉连续排污扩容器数学模型

锅炉连续排污量 D_{bl} 的回收利用系统，主要通过连续排污扩容器的扩容蒸发回收部分工质和热量，回收的扩容蒸汽 D_f 一般进入除氧器，剩余污水 D'_{bl} 进入地沟。锅炉连续排污扩容系统如图 4-9 所示。

锅炉连续排污扩容器中的物质平衡为

$$D_{bl} = D_f + D'_{bl} \tag{4-26}$$

锅炉连续排污扩容器中的能量平衡为

$$D_{bl}h'_{bl}\eta_f = D_f h'' + D'_{bl}h'_f \tag{4-27}$$

式中　D_{bl}——锅炉连续排污量，kg/h；

　　　h'_{bl}——排污水比焓（汽包压力下的饱和水焓），kJ/kg；

　　　η_f——扩容器效率；

　　　D_f——扩容蒸汽量，kg/h；

　　　h''_f——扩容器压力下的饱和汽焓，kJ/kg；

　　　D'_{bl}——未扩容的排污水量，kg/h；

h_f'——扩容器压力下的饱和水焓，kJ/kg。

由物质平衡和能量平衡，可以求出锅炉连续排污扩容器进入除氧器的饱和蒸汽量以及释放的排污水量，对于1kg主蒸汽而言则为饱和蒸汽份额和排污水份额。因此，进行除氧器热平衡计算时，应将 D_f 作为辅助成分纳入本加热单元内进行计算。

五、热电机组热力系统变工况计算

（一）回热抽汽压力的确定

热力系统工况发生变动时，最基本的变化因素是通过汽轮机的主蒸汽流量 D_0 或通过级组的蒸汽流量 D_1 发生变化。根据弗留格尔公式，级组通过蒸汽的能力决定于级组前后压力，蒸汽流量变化与压力变化关系为

$$\frac{D_1}{D_{10}} = \sqrt{\frac{p_1^2 - p_2^2}{p_{10}^2 - p_{20}^2}} \sqrt{\frac{T_{10}}{T_1}} \tag{4-28}$$

式中　D_1、D_{10}——调节级前变化后工况、基准工况的蒸汽流量，t/h；

　　　p_1、p_{10}——调节级前变化后工况、基准工况的蒸汽压力，MPa；

　　　p_2、p_{20}——调节级后变化后工况、基准工况的蒸汽压力，MPa。

　　　T_1、T_{10}——调节级前变化后工况、基准工况的蒸汽温度，℃。

此外，式中温度修正项 $\dfrac{T_{10}}{T_1}$，一般情况下等于1，实际计算中可以不考虑；对于凝汽机组各回热抽汽之间的级组，压力比 $\dfrac{p_2}{p_1}$ 总是很小，则上述弗留格尔公式可以简化为 $\dfrac{D_1}{D_{10}} = \dfrac{p_1}{p_{10}}$，但对于热电机组，在包含供热抽汽的区段内，需要考虑压力比对流量的影响。

弗留格尔公式应用条件是"流通部分结构尺寸都不变"，包括级组的级数和流通截面面积不变，若级组中包括调节汽门，则其开度也不变。对仅带回热抽汽的凝汽式机组，虽然有了抽汽使级间流量有所改变，但由于抽汽量相对于总进汽量所占份额很小，也可将整台汽轮机视为一个级组，所以仅带回热抽汽的凝汽式机组适用于弗留格尔公式的使用条件；对于热电机组，抽汽改变了机组蒸汽通流量，且对外调节供气压力一般是通过旋转隔板实现，旋转隔板改变了机组的通流面积，这使得热电机组不符合弗留格尔公式的使用条件。为适应弗留格尔公式要求，热电机组热力系统计算时将以供热抽汽口为界，分为两个区段（单抽机）或三个区段（双抽机），每个区段内仅有回热抽汽，可逐段应用弗留格尔公式。

以双抽（包括工业供热抽汽和采暖抽汽）热电机组为例，阐述热电机组弗留格尔公式计算步骤。首先将汽轮机各压力级分为3个区段，分别是调级后至工业供热抽汽口、工业供热抽汽口至采暖抽汽口以及采暖抽汽口至凝汽器，各区段内的变工况压力计算分别如下。

（1）调节级后压力 p_2 计算公式为

$$p_2 = p_{20} \frac{D_1}{D_{10}} \tag{4-29}$$

式中　p_2、p_{20}——调节级后变化后工况、基准工况的蒸汽压力，MPa；

　　　D_1、D_{10}——调节级前变化后工况、基准工况的蒸汽流量，t/h。

（2）调节级后到工业供热抽汽口之间的各回热抽汽口的压力 p_r 为

$$p_r = \sqrt{p_{eg}^2 + \left(\frac{D_{II}}{D_{II0}}\right)^2 (p_{r0}^2 - p_{eg0}^2)} \qquad (4\text{-}30)$$

式中　p_r、p_{r0}——变化后工况、基准工况的回热抽汽口的压力，MPa；

　　　p_{eg}、p_{eg0}——变化后工况、基准工况的工业供热抽汽压力（级后压力），MPa；

　　　D_{II}、D_{II0}——变化后工况、基准工况条件下，扣除抽汽段的抽汽量后，进入后面级组的蒸汽流量，t/h。

（3）工业供热抽汽口到采暖抽汽口之间的各回热抽汽口的压力 p_r 为

$$p_r = \sqrt{p_{en}^2 + \left(\frac{D_{II}}{D_{II0}}\right)^2 (p_{r0}^2 - p_{en0}^2)} \qquad (4\text{-}31)$$

式中　p_r、p_{r0}——变化后工况、基准工况的回热抽汽口的压力，MPa；

　　　p_{en}、p_{en0}——变化后工况、基准工况的采暖抽汽压力（级后压力），MPa；

　　　D_{II}、D_{II0}——变化后工况、基准工况条件下，扣除抽汽段的抽汽量后，进入后面级组的蒸汽流量，t/h。

（4）采暖抽汽口到凝汽器之间的各回热抽汽口的压力 p_r 为

$$p_r = p_{r0} \frac{D_I}{D_{I0}} \qquad (4\text{-}32)$$

式中　D_I、D_{I0}——变化后工况、基准工况下的采暖抽汽后机组的蒸汽流量，t/h；

　　　p_r、p_{r0}——变化后工况、基准工况下的各回热抽汽口的压力，MPa。

（二）汽轮机各级相对内效率的确定

建立汽轮机变工况膨胀过程线时，可以认为中间压力级组的效率基本不变，膨胀过程线平行移动，但调节级和末级变化较大。一般调节级效率和末级效率都可以根据厂家提供的调节级和末级特性曲线查得，哈尔滨汽轮机厂有限责任公司提供的哈尔滨热电有限责任公司 300MW 机型定压运行条件下的调节级组效率与汽轮机出力的关系曲线如图 4-10 所示。

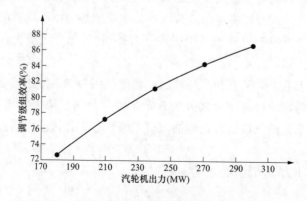

图 4-10　调节级组效率与汽轮机出力的关系曲线

当缺乏厂家提供的调节级组效率与汽轮机出力关系曲线时，调节级和末级效率可以由各个工况下调节级组的效率拟合而成。此外，对于末级效率可以采用简单估算法，以蒸汽平均湿度为量度，即末级组蒸汽平均湿度每增加1%，则机组效率下降1%。

汽轮机主蒸汽进汽至第一级回热抽汽为调节级，可根据已有热平衡工况拟合调节级效率，拟合方法如下。

（1）利用水和水蒸气热力性质计算公式（如IAPWS-IF97公式，即水和水蒸气性质国际联合会1997年通过的水和水蒸气计算模型）或软件（如WaterPro等），根据p_0、h_0求出进口主蒸汽熵s_0。

（2）利用水和水蒸气热力性质计算公式或软件，根据s_0和p_1求出口蒸汽理想焓h_{1s}。

（3）求解调节级相对内效率，即$\eta_i=(h_0-h_1)/(h_0-h_{1s})$。其中，设定主蒸汽参数为压力$p_0$、温度$t_0$、焓值$h_0$，第一级回热抽汽参数为压力$p_1$、温度$t_1$、焓值$h_1$，主蒸汽流量为$D_i$。

由此可得某一工况下的主蒸汽流量和机组相对内效率的数据组（D_i、η_i），其他工况的数据组用同样方法可求得，对于多组数据，便可将调节级效率拟合为主蒸汽流量的函数。对于机组末级，可以将相对内效率拟合为凝汽量的函数，拟合过程同调节级。

（三）排汽焓的确定

因低压缸排汽大都处于湿汽区，变工况后的排汽焓不能仅由相应的压力来确定，美国机械工程师协会（American Society of Mechanical Engineers，ASME）的标准《汽轮机试验规范》（ASME PTC 6A—2000）附录A中推荐两种方法，一种方法是根据变工况后汽轮机热力系统汽水参数，建立热量平衡、汽轮机的功率方程以及等效焓降方程，确定汽轮机排汽焓；另一种方法是根据已知的汽轮机入口蒸汽状态点和回热抽汽状态点做出蒸汽膨胀线，然后将此曲线平滑外推到湿蒸汽区，得出处于湿蒸汽区的排汽焓及抽汽焓，这种方法相对简单，但使用时受曲线拟合数据点数量的影响，精度难以保证。

采用ASME PTC 6A—2000中推荐的第一种方法，计算主要平衡方程为

$$N_i \cdot D_0 \eta_{jx} \eta_d = 3600 \cdot P_e \tag{4-33}$$

$$\Delta h = h_0 - h_c - \sum_{r=1}^{z} \zeta_r \frac{\Delta h_r}{q_r} - \sum \prod + \sigma \tag{4-34}$$

式中　　N_i——循环内功，kJ/kg；

D_0——主蒸汽进汽流量，t/h；

η_{jx}——汽轮机内效率；

η_d——发电机效率；

P_e——汽轮发电机功率，MW；

Δh——总等效焓降，kJ/kg；

h_0——主蒸汽焓值，kJ/kg；

h_c——汽轮机排汽焓，kJ/kg；

ζ_r——1kg给水在加热器r中的焓升，kJ/kg；

Δh_r——r 级（$r=1$，2，$\cdots$，$j-1$）的回热抽汽等效焓降，kJ/kg；

q_r——进入 r 级加热器的热量，kJ/kg；

$\sum\Pi$——抽汽做功能力损失，kJ/kg；

σ——1kg 蒸汽在再热器中的吸热量，kJ/kg。

计算时，首先假设一个排汽焓作为初值，通过常规热平衡计算公式求出新工况主蒸汽流量和出力下对应的循环内功 N_i，再通过等效焓降公式求解 $\Delta h^{[9]}$，比较两者差值、$\sum\Pi$，并通过重新假设排汽焓进行迭代计算，直至两者差值在一定误差范围内。

（四）汽轮机回热抽汽点参数和过程线的确定

通过弗留格尔公式确定变工况后各级回热抽汽压力，并确定各级组相对内效率后，便可继续求得各回热抽汽的比焓值和温度，进而可以确定变工况后各回热抽汽点蒸汽参数以及在焓熵图上的膨胀过程线。各回热抽汽点参数计算顺序由调节级依次往后，其中主蒸汽作为调节级的进口，第一级回热抽汽作为调节级的出口，主蒸汽压力和焓值由变工况要求确定（定压运行时与额定工况一致），则第一级回热抽汽焓值和温度确定方法如下。

（1）利用水和水蒸气热力性质计算公式（如 IAPWS-IF97 公式，即水和水蒸气性质国际联合会 1997 年通过的水和水蒸气计算模型）或软件（如 WaterPro 等），根据新工况主蒸汽压力和新工况主蒸汽焓，确定本级进口熵。

（2）利用水和水蒸气热力性质计算公式或软件，根据新工况第一级回热抽汽压力和进口熵，确定本级出口理想焓。

（3）确定本级理想焓降。本级理想焓降 Δh_{1s}＝新工况主蒸汽焓－出口理想焓 h_{1s}。

（4）确定本级出口实际焓值。本级出口实际焓值 h_1＝新工况主蒸汽焓－Δh_{1s}×调节级的相对内效率。

（5）利用水和水蒸气热力性质计算公式或软件，根据新工况第一级回热抽汽压力，出口实际焓值 h_1，确定出口蒸汽温度 T_1。

其中，新工况下第一级回热抽汽压力和调节级的相对内效率已由前述方法确定，求出的第一级回热抽汽参数将作为下一级组的进口值，进行第二级回热抽汽参数的计算。机组各级组的计算通式为

$$\eta_{(r)}=[h_{1(r)}-h_{1(r)}]/\Delta h_{a(r)} \tag{4-35}$$

$$h_{2(r)}=h_{1(r)}-\Delta h_{a(r)}\eta_{(r)} \tag{4-36}$$

式中　$\eta_{(r)}$——r 级组的相对内效率；

$h_{1(r)}$——r 级组的进口蒸汽比焓，在级组的逐级计算中为已知量，kJ/kg；

$\Delta h_{a(r)}$——r 级组蒸汽在汽轮机中的等熵膨胀比焓（在熵和回热抽汽压力已知时，可以由水蒸气性质计算得出），kJ/kg；

$h_{2(r)}$——r 级组的出口蒸汽比焓，kJ/kg。

（五）再热系统压力计算

由于再热器及其连接系统存在，蒸汽通过再热系统存在压损，在系统变工况时会发生变化，而再热系统的压损 Δp_{zr}、汽轮机高压缸出口压力（即再热系统的进口压

力）p'_{zr}，以及汽轮机中压缸进口压力（即再热系统的出口压力）p''_{zr}，可按下述方法确定。

中压缸进口压力计算公式为

$$p''_{zr} = p''_{zr0} \cdot D_{zr}/D_{zr0} \tag{4-37}$$

再热系统压损计算公式为

$$\Delta p_{zr} = \Delta p_{zr0} \cdot D_{zr}/D_{zr0} \tag{4-38}$$

高压缸出口压力计算公式为

$$p'_{zr} = p''_{zr} + \Delta p_{zr} \tag{4-39}$$

式中　p''_{zr}、p''_{zr0}——变化后工况、基准工况下汽轮机中压缸进口压力（即再热系统的出口压力），MPa；

D_{zr}、D_{zr0}——变化后工况、基准工况下汽轮机中压缸进口流量，在再热热段管道上没有其他用汽和漏汽情况下，这个流量就是通过再热器的流量，t/h；

Δp_{zr}、Δp_{zr0}——变化后工况、基准工况下再热系统的压损，MPa；

p'_{zr}——汽轮机高压缸出口压力（即再热系统的进口压力），MPa。

（六）供热抽汽压损的计算

热电机组中蒸汽通过供热抽汽调节装置时将产生压力损失，其中供热抽汽压力 p_{sg} 由热用户决定，一般保持不变，已知供热抽汽后级组通过蒸汽流量，按弗留格尔公式可确定供热抽汽后级组的进汽压力 p_r，由此便可确定工况变动后新的供热抽汽压损 $\Delta p = p_{sg} - p_r$。

（七）关于计算过程的迭代

进行热电机组热力系统变工况计算时，如果已知变工况后的机组出力，变工况后的主蒸汽耗量 D_0 是个未知数，计算时需预先假定，假定值可近似与负荷成比例决定。

$$D_0 = D_{00} \times P_d/P_{d0} \tag{4-40}$$

式中　D_0——变工况后机组的主蒸汽耗量，t/h；

D_{00}——变工况前的主蒸汽耗量，t/h；

P_d——变工况后机组发电出力，MW；

P_{d0}——变工况前基准工况的机组发电出力，MW。

确定变工况后的主蒸汽耗量后，执行本节前文所述热力系统变工况计算过程，分区段计算各回热抽汽压力，确定新工况下的各汽水参数，然后执行本节前文所述热电机组热力系统基准工况计算过程，根据各蒸汽份额的出力确定新蒸汽耗量 D'_0。D'_0 一般不等于假设的 D_0，则需要进行迭代，重复上述计算步骤，逐次逼近到满足下式为止。迭代完成，热力系统计算完结。

$$D_0^{(n-1)} - D_0^n \leqslant \varepsilon \tag{4-41}$$

式中　$D_0^{(n-1)}$、D_0^n——第 $n-1$ 次、第 n 次迭代确定的新蒸汽耗量，t/h；

ε——迭代允许误差。

在迭代过程中，每迭代一次都必须输出正、反平衡计算结果，以检验每次迭代的正确性，判断是否继续迭代。在迭代计算完成，热力系统变工况计算完结后，可按简捷计算方法确定新的出力、主蒸汽流量等值。

六、 边界条件取值

（一）热力系统计算基础参数

1. 机组调节级和末级效率拟合

根据哈尔滨汽轮机厂有限责任公司提供的阀门全开（valve wide open，VWO）工况（与锅炉 BMCR 出力对应）、汽轮机热耗保证（turbine heat acceptance，THA）工况、汽轮机额定负载（turbine rated load，TRL）工况以及最大连续出力（turbine maximum continue rate，TMCR）工况的热平衡图，其生产的 300MW 和 350MW 热电机组不同主蒸汽流量下调节级效率和末级效率数据见表 4-3 和表 4-4，对于其他流量下的调节级和末级效率可依据拟合的数据插值求解。

表 4-3　　　　　　　　　300MW 热电机组调节级和末级效率数据

工况	主蒸汽流量（t/h）	调节级效率（%）	末级效率（%）	第 7 级蒸汽干度	第 8 级蒸汽干度
1	882.69	83.36	77.78	0.992 4	0.949 7
2	960（高背压）	84.37	76.26	0.991 7	0.948 8
3	960	84.30	75.90	0.991 5	0.948 5
4	1025	85.41	73.95	0.990 8	0.946 8

表 4-4　　　　　　　　　350MW 热电机组调节级和末级效率数据

工况	主蒸汽流量（t/h）	调节级效率（%）	末级效率（%）	第 7 级蒸汽干度	第 8 级蒸汽干度
1	1040.79	82.14	75.96	0.993 2	0.945 8
2	1109（高背压）	83.65	76.85	0.991 9	0.944 5
3	1109	83.55	73.71	0.991 7	0.944 3
4	1165	84.15	71.96	0.990 4	0.943

2. 加热器端差和回热抽汽压损取值

对于热力系统表面式高压加热器（用 JGi 表示）和低压加热器（用 JDi 表示）的上端差，由于 3 级高压加热器设置过热段，其上端差与低压加热器相比较低，同时为提高给水温度，将第 1 级高压加热器运行上端差设为负值；此外，所有高压加热器和低压加热器由于均设置了疏水冷却段而存在下端差；混合式除氧器（用 CY 表示）无端差，各级加热器的上、下端差取值见表 4-5。

表 4-5　　　　　　　　　　300MW 级热电机组端差　　　　　　　　　　℃

端差	JG1	JG2	JG3	CY	JD1	JD2	JD3	JD4
上端差	−1.7	0	0	0	2.8	2.8	2.8	2.8
下端差	5.6	5.6	5.6	0	5.6	5.6	5.6	5.6

管道回热抽汽压损与设计的蒸汽流速有关，对于一定量的回热抽汽，管径大、流速

低，则压损小，管径小、流速大，则压损高。按照哈尔滨汽轮机厂有限责任公司提供的 C261/N300-16.7/537/537 型汽轮机热力特性书，各级加热器回热抽汽管道中高压加热器的压损设计值为 3%，其余为 5%。此外，给水泵汽轮机进汽管的压损为 5%。

3. 辅助蒸汽流程及辅助设备效率取值

机组各级隔板、缸体端部等动静结合部分都装有汽封系统，以减小蒸汽漏汽量，减少做功损失；同时，引入一定量的低温蒸汽冷却转子以及缸体壁面，因此，机组通流部分总存在一定量的漏汽，冷却完后的漏汽以及阀门漏汽可以进入回热抽汽管道，或者通过轴封管道进入轴封加热器，再通过轴封蒸汽调节器调整压力后进入凝汽器，在热力系统计算时，需要考虑各辅助蒸汽的做功，典型 300MW 级热电机组汽封漏汽示意图如图 4-11 所示。

此外，按 C261/N300-16.7/537/537 型汽轮机热力特性书，热力系统计算时，给水泵效率取值 82%，电动机效率取值 98.5%，机械效率取值 98%。

（二）机组发电出力限制因素

电厂锅炉 BMCR 工况为最大连续蒸发量工况，火电机组可以 BMCR-VWO 工况长期运行。计算时，采用 BMCR-VWO 工况作为热电机组抽汽量为 0 时的工况，即锅炉的最大出力工况为 BMCR 工况（以 300MW 机组为例，主蒸汽流量为 1025t/h，汽轮机的背压为 4.9kPa）。

汽轮机低负荷运行时，容积流量较小会造成流动分离及回流，进而产生末级叶片水蚀、末级叶片自激振动、摩擦鼓风等问题，对汽轮机安全风险和寿命产生不利影响。为避免这些影响，汽轮机运行时低压缸容积流量不能少于 10%～20% 额定容积流量。根据上海汽轮机厂有限公司、哈尔滨汽轮机厂有限责任公司等制造厂提供的数据，低压缸最小冷却流量一般略低于低压缸设计最大通流量的 15%。本书在计算最小发电出力时，按照制造厂提供的最小冷却流量计算。

七、 计算结果及结论

（一）典型机组的典型工况计算

本书选取 300MW、350MW 热电机组为典型机组，主要展示 300MW 机组的计算数据。

热电机组在热电联产时，固定抽汽参数，增加入口蒸汽量至最大进汽量，则机组输出功率达到最大，称为最大技术出力。减少入口蒸汽量，则机组输出功率会减少，但因为锅炉、汽轮机经济运行、安全风险和寿命、环保等限制，存在一个最小的入口蒸汽量，此蒸汽量条件下机组输出功率达到最低，称为最小技术出力。最大进汽量、最大技术出力，最小进汽量、最小技术出力，是某一抽汽量、抽汽压力条件下的边界数据，即给定某入口蒸汽在最小进汽量、最大进汽量区间，输出功率在最小技术出力、最大技术出力区间。因此，选取不同抽汽量、抽汽压力下的最大技术出力、最小技术出力工况作为典型工况，分析进汽量、抽汽量、对外做功的关系。

对基准工况的汽水参数整理见表 4-6，其中 0 级号为主蒸汽，凝汽器压力为 4.9kPa。

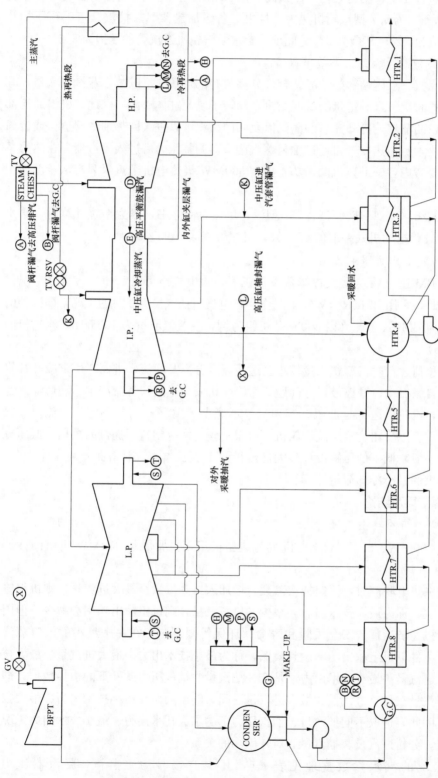

图 4-11　典型 300MW 级热电机组汽封漏汽示意图

BFPT—给水泵汽轮机；GV—高压调节门；TV—高压主汽门；RSV—中压主汽门；STEAM CHEST—进汽箱；L. P.—低压缸；I. P.—中压缸；H. P.—高压缸；CONDENSER—凝汽器；G.C—汽封加热器；HTR. 1～HTR. 8—回热加热器 1～8

表 4-6　　　　　300MW 热电机组基准工况（进汽量为 1025t/h、供热抽汽量为 350t/h）的汽水参数表

级号（号）	抽汽压力（MPa）	抽汽温度（℃）	抽汽焓（kJ/kg）	加热器出口水焓（kJ/kg）	疏水焓（kJ/kg）	抽汽放热量（kJ/kg）	给水焓升（kJ/kg）	疏水焓升（kJ/kg）
0	16.7	537	3394.12	—	—	—	—	—
1	6.465	392.3	3151.27	1237.606	1105.76	2045.51	159.16	—
2	3.997	324.8	3030.38	1078.447	897.62	2132.76	206.29	208.14
3	1.755	425.9	3308.74	872.149	738.15	2570.59	173.86	159.46
4	0.742	307.8	3075.11	698.289	—	2490.37	113.54	153.41
5	0.4	238.4	2940.54	584.745	424.47	2516.08	183.89	—
6	0.101	109	2694.25	400.853	310.47	2383.78	113.86	113.99
7	0.034 8	0.961 2	2540.99	286.993	218.44	2322.55	91.97	92.03
8	0.012 6	0.924 1	2412.14	195.021	163.85	2275.87	58.75	82.17

300MW 热电机组配套锅炉最大连续蒸发量为 1025t/h，因此上述工况为供热抽汽量 350t/h 时最大发电出力工况，对于最小发电出力，假设以最小凝汽量 195t/h 对应的最小发电出力进行变工况迭代计算，先按通流第一级回热抽汽至末级顺序计算各级组后的蒸汽流量，再按通流末级回热抽汽至调节级顺序，反方向计算各压力级的汽水参数，然后用正、反平衡计算方法计算各级的回热抽汽量和凝汽量，重复上述迭代过程，直至计算的凝汽量与设定的凝汽量的误差在允许范围内。

采用相同的变工况迭代计算方法，可以计算出 500t/h 及其他抽汽量对应的最大、最小发电出力，各供热抽汽量工况下求解的最终热平衡图如图 4-12、图 4-13 所示。

（二）计算工况统计和分析

本书还完成了 300MW 机组其他抽汽工况下的热力系统计算，并完成了 350MW 机组多个抽汽工况的热力系统计算，计算过程大同小异，不在此赘述，仅按入口蒸汽、采暖蒸汽、输出功率三个维度列出计算结果，如表 4-7 所示。

任何其他机组都可以通过本书的方法计算入口蒸汽、采暖蒸汽、输出功率，从而在已知输出功率的条件下，建立采暖抽汽与入口蒸汽量的关系。对于具体的某台机组，可以通过计算建立可查询的数据表或者生成可视化图线，实现入口蒸汽的快速查询。

（三）模型计算准确性分析和完善

1. 模型计算结果与制造厂提供汽轮机工况图的比较

以 300MW 亚临界热电机组供热抽汽压力 0.5MPa 计算结果为代表，根据哈尔滨汽轮机厂有限责任公司提供的汽轮机工况图，分别找出计算的 500、400、300t/h 和 200t/h 供热抽汽工况对应的主蒸汽流量下的技术出力，并与热力系统计算结果进行对比。

热力系统计算法和厂家提供的汽轮机工况图计算结果的对比见表 4-8。

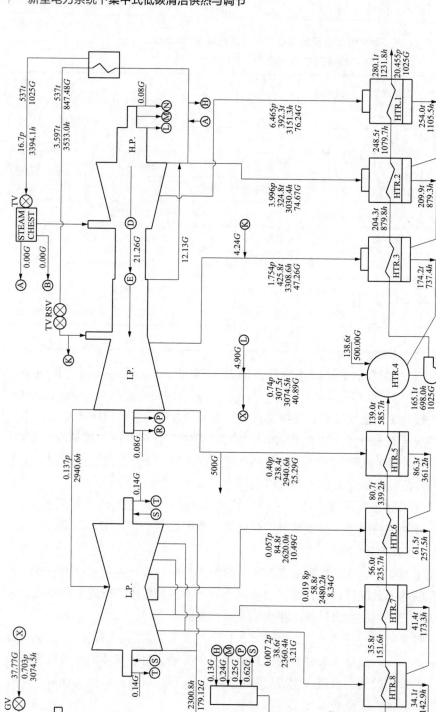

图 4-12 500t/h 供热抽汽工况最大技术出力热平衡图

p—压力，MPa；t—温度，℃；h—焓，kJ/kg；G—流量，t/h；BFPT—给水泵汽轮机；TV—高压主汽门；GV—高压调节门；RSV—中压主汽门；IV—中压调节门；

STEAM CHEST—进汽箱；L.P.—低压缸；H.P.—高压缸；I.P.—中压缸；CONDENSER—凝汽器；G.C—汽封加热器；

HTR.1～HTR.8—回热加热器 1～8； ⊗→—x 蒸汽引出点； →—→—x 蒸汽引入点；

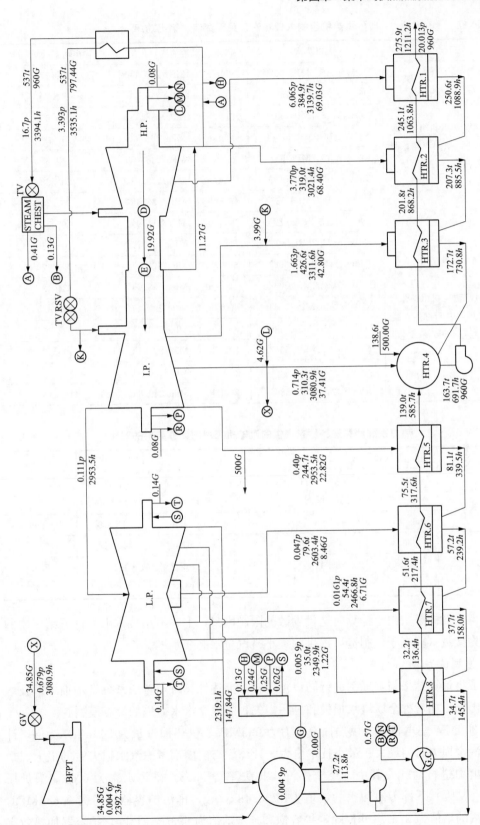

图 4-13　500t/h 供热抽汽工况最小技术出力热平衡图

表 4-7　　　　　　　　　典型供热机组的入口蒸汽、采暖蒸汽、输出功率

机组	入口蒸汽	采暖抽汽	输出功率（MW）
300MW 热电机组，8 级抽汽加热，中间再热，凝汽器压力为 4.9kPa	1025t/h/16.7MPa/537℃	500t/h/0.4MPa/238.4℃	260.37
	960t/h/16.7MPa/537℃	500t/h/0.4MPa/244.7℃	240.70
	1025t/h/16.7MPa/537℃	400t/h/0.4MPa/238.4℃	275.05
	830t/h/16.7MPa/537℃	400t/h/0.4MPa/261.8℃	219.04
	1025t/h/16.7MPa/537℃	350t/h/0.4MPa/238.4℃	283.85
	750t/h/16.7MPa/537℃	350t/h/0.4MPa/273.4℃	203.58
	1025t/h/16.7MPa/537℃	200t/h/0.4MPa/238.4℃	307.78
	540t/h/16.7MPa/537℃	200t/h/0.4MPa/311.9℃	162.53
350MW 热电机组，8 级抽汽加热，中间再热，凝汽器压力为 4.9kPa	1110t/h/24.2MPa/566℃	500t/h/0.5MPa/258.7℃	308.28
	950t/h/24.2MPa/566℃	500t/h/0.5MPa/276.6℃	256.42
	1110t/h/24.2MPa/566℃	400t/h/0.5MPa/258.7℃	324.02
	810t/h/24.2MPa/566℃	400t/h/0.5MPa/295.4℃	228.63
	1110t/h/24.2MPa/566℃	300t/h/0.5MPa/258.7℃	338.55
	660t/h/24.2MPa/566℃	300t/h/0.5MPa/320.1℃	195.57
	1110t/h/24.2MPa/566℃	200t/h/0.5MPa/258.7℃	351.82
	520t/h/24.2MPa/566℃	200t/h/0.5MPa/349.6℃	164.46

表 4-8　　　　　　　热力系统计算法和厂家提供的汽轮机工况图计算结果的对比

供热抽汽量（t/h）	机组最大技术出力（MW）		误差（%）	机组最小技术出力（MW）		误差（%）
	热力系统计算法	厂家提供的汽轮机工况图		热力系统计算法	厂家提供的汽轮机工况图	
500	249.0	247.66	0.54	227.6	229.19	0.69
400	266.34	265.51	0.31	201.54	200.13	0.71
300	283.64	285.41	0.62	176.62	171.55	2.95
200	300.19	306.24	1.97	146.87	137.60	6.73

值得注意的是，由于计算时迭代发散的限制因素，上述最小技术出力计算结果中的凝汽量为接近（略高于）制造厂提供的最小凝汽量限制线水平。

2. 模型的完善

为了将计算结果与工况图进行同口径比较，上述计算时未考虑系统汽水损失对技术出力的影响。如考虑全厂汽水损失和排污损失，需建立汽水损失的计算模型。

以 300MW 热电机组（供热抽汽压力为 0.5MPa、供热抽汽量为 300t/h）为例，计算考虑汽水损失时的最大、最小技术出力，计算后与前面不考虑汽水损失时的最大、最小技术出力进行对比。其中，令全厂汽水损失率为 0.03，排污水率为 0.02，锅炉压力（18.6MPa）下排污饱和水的焓值为 1758.48kJ/kg，排污扩容器压力为 0.686MPa，扩容蒸汽的焓值为 2761.19kJ/kg，扩容饱和疏水焓值为 693.75kJ/kg，扩容器加热效率

为 0.98，则

$$D_g = D_0/(1-0.03) = 1.031D_0 \qquad (4\text{-}42)$$

$$D_{pw} = 0.02D_g = 0.021D_0 \qquad (4\text{-}43)$$

$$D_{gs} = D_g + D_{pw} = 1.052D_0 \qquad (4\text{-}44)$$

锅炉排污系统计算为

$$D_{pw} = D_p + D_{ps} \qquad (4\text{-}45)$$

$$1758.48 \times 0.98 \times D_{pw} = 2761.19 \times D_p + 693.75 \times D_{ps} \qquad (4\text{-}46)$$

$$D_p = 0.497\,988D_{pw} = 0.0\,104\,577D_0 \qquad (4\text{-}47)$$

$$D_{ps} = D_{pw} - D_p = 0.0\,105\,423D_0 \qquad (4\text{-}48)$$

补充水量计算为

$$D_{bs} = D_{ps} + D_g - D_0 \qquad (4\text{-}49)$$

式中　　D_g——锅炉蒸发量，t/h；

D_0——汽轮机进汽量，t/h；

D_{pw}——锅炉排污水量，t/h；

D_{gs}——锅炉给水量，t/h；

D_p——扩容蒸汽量，t/h；

D_{ps}——扩容器疏水量，t/h；

D_{bs}——锅炉补水量，t/h。

未考虑汽水损失与考虑汽水损失时，最大技术出力对比见表 4-9，其中两种情况下锅炉 BMCR 都为 1025t/h。

表 4-9　　　　　　　　　未考虑与考虑汽水损失时的最大技术出力对比

级号（号）	未考虑汽水损失的计算结果				考虑汽水损失的计算结果			
	压力 (MPa)	温度 (℃)	焓 (kJ/kg)	抽汽量 (t/h)	压力 (MPa)	温度 (℃)	焓 (kJ/kg)	抽汽量 (t/h)
1	6.759	397.64	3159.61	81.50	6.558	393.47	3152.54	82.11
2	4.173	330.40	3040.38	75.51	4.049	326.72	3034.01	76.82
3	1.886	434.18	3324.89	40.58	1.833	434.49	3326.30	40.74
4	0.859	327.39	3113.65	30.21	0.842	328.75	3116.88	20.99
5	0.5	264.37	2991.00	35.52	0.5	267.82	2998.16	37.95
6	0.129	169.02	2812.19	22.12	0.122	164.31	2803.22	22.73
7	0.041 8	76.98	2628.21	16.81	0.039 7	75.707	2621.12	17.22
8	0.014 8	53.77	2488.87	10.38	0.014 1	52.80	2483.28	10.09
	最大技术出力：283.64MW				最大技术出力：273.11MW			

未考虑汽水损失与考虑汽水损失两种情况时，最小技术出力对比见表 4-10，其中，两种情况下汽轮机的主蒸汽流量都为 670t/h。

表 4-10   未考虑与考虑汽水损失时最小技术出力对比

级号（号）	未考虑汽水损失的计算结果				考虑汽水损失的计算结果			
	压力 （MPa）	温度 （℃）	焓 （kJ/kg）	抽汽量 （t/h）	压力 （MPa）	温度 （℃）	焓 （kJ/kg）	抽汽量 （t/h）
1	4.435	353.60	3094.08	44.39	4.435	353.60	3094.08	46.70
2	2.755	291.93	2982.21	40.56	2.755	291.93	2982.21	43.16
3	1.289	439.75	3345.06	18.24	1.289	439.75	3345.06	19.35
4	0.677	350.90	3166.62	13.16	0.677	350.90	3166.62	7.89
5	0.5	313.60	3092.86	25.59	0.5	313.60	3092.86	28.49
6	0.0514	113.75	2709.27	9.079	0.0514	113.75	2709.27	10.11
7	0.0172	56.88	2552.67	5.87	0.0172	56.88	2552.67	6.538
8	0.00756	40.46	2448.37	0.168	0.0076	40.46	2448.37	0.25
	最小技术出力：176.62MW				最小技术出力：174.23MW			

对上述两种情况计算结果差异的分析如下：

求解最大技术出力时，由于锅炉的最大连续蒸发量一定，考虑汽水损失时，进入汽轮机做功的主蒸汽量减少，技术出力降低；在求解最小技术出力时，为保证凝汽流量接近，设定汽轮机主蒸汽流量一致（此时，锅炉蒸发量不一致），因此，技术出力降低不受主蒸汽流量的影响。

如主蒸汽流量相同，相比不考虑汽水损失，考虑汽水损失时加热器给水流量增多，影响各级回热抽汽量的分布，蒸汽在汽缸内的循环内功发生变化，但影响效果低于主蒸汽流量变化对技术出力的影响。

此外，本节模型计算过程中，均仅考虑了以汽轮机为核心的热力系统，未考虑锅炉的限制因素，因此，计算结果显示，随供热抽汽量的增加，最小技术出力越来越大。如考虑锅炉最低稳燃负荷限制，随着供热抽汽量增大，最小技术出力因锅炉稳燃负荷限制等因素先减少，然后再增大。

第二节　基于其他供热热源的热力系统

一、锅炉直接供热

供热锅炉可以分为蒸汽锅炉和热水锅炉，分别生产蒸汽和热水直接对外供热，可以作为区域的主要热源或作为热电联产机组的调峰热源。

供热蒸汽锅炉与燃煤热电联产电站配置的电站蒸汽锅炉最大的不同是其生产蒸汽的参数较低，可以直接供热。燃煤热电联产电站配置的电站蒸汽锅炉理论上也可以通过减温减压器直接对外供热，但其设计蒸汽参数较高，直接供热的经济效益太差，一般都先在汽轮机中膨胀做功，将蒸汽参数降到一定程度后才用于供热。蒸汽锅炉产生的蒸汽可以直接供应生产热负荷，也可以通过热网加热器转换为热水后供热。

典型蒸汽锅炉直接供热系统的热力系统图如图 4-14 所示。

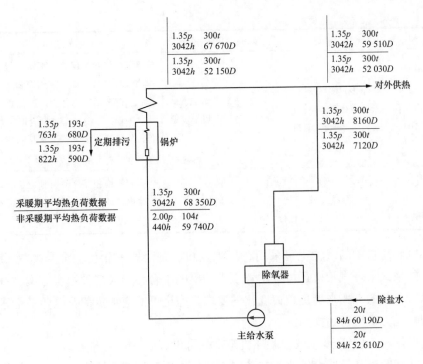

图 4-14　典型蒸汽锅炉直接供热系统的热力系统图

p—压力，MPa；t—温度，℃；h—焓值，kJ/kg；D—流量，kg/h

热水锅炉直接供热系统一般用于供应采暖热负荷，其热力系统与蒸汽锅炉直接供热系统的热力系统差别不大。

无论蒸汽锅炉还是热水锅炉，均不涉及热电联产机组汽轮机入口蒸汽量（也是锅炉出口蒸汽量）、抽汽量、输出功率等复杂的关系，锅炉出口蒸汽（热水量）等于供热蒸汽量（热水量）。

二、燃气-蒸汽联合循环机组供热

燃气-蒸汽联合循环机组由燃气轮机、余热锅炉、汽轮机构成，其组合方式灵活多样。各类大型燃气电厂的组成和运行方式见表 4-11。

表 4-11　　　　　　　　各类大型燃气电厂的组成和运行方式

名称	构成形式	实际工程中是否常见	特　点
单循环机组	单台燃气轮机	少见	系统简单，发电效率和总热效率低，运行灵活，启动、调整负荷速率更迅速，不产生蒸汽
带余热锅炉的单循环	一台燃气轮机＋一台余热锅炉	少见	发电效率低但总热效率高，可对外供汽，类似于燃煤火电机组背压机供热，如保证稳定供热则无调峰能力
"一拖一"燃气-蒸汽联合循环机组	一台燃气轮机＋一台余热锅炉＋一台汽轮机	常见	发电效率高、总热效率高，运行较为灵活，可拆为简单循环或带余热锅炉的简单循环运行

名称	构成形式	实际工程中是否常见	特 点
"多拖一"燃气-蒸汽联合循环机组	多台燃气轮机+同等数量余热锅炉+一台汽轮机	"二拖一"较常见，"三拖一"以上少见	可节约汽轮机配置，正常运行时发电效率高、总热效率高，占地面积小，系统复杂且不够灵活，出力大。压低负荷时可拆为"一拖一"燃气-蒸汽联合循环机组运行，但汽轮机运行效率低。常见的组合方式为"二拖一"，主要用于热电联产
并列多台燃气-蒸汽联合循环机组	多套"一拖一""多拖一"燃气-蒸汽联合循环机组并列运行	常见	多套机组相互之间可独立运行，但同属一个电厂或一个调度单位。最常见的是并列"一拖一"

与燃气轮机搭配的汽轮机可采用背压汽轮机、抽凝式汽轮机。多套燃气-蒸汽联合循环机组的情况下，汽轮机还可采用背压+抽凝的组合，形成多种组合方案，并采取增减机组运行台数的方式来满足负荷变化的要求，完全可适应热负荷及电负荷需求，同时机组的调峰能力也可得到提高。

需要供热时，燃气-蒸汽联合循环机组供热可以有以下几种方案。

（1）从汽轮机某级抽汽供热或在各缸之间的连通管处打孔抽汽供热，这与燃煤火力发电厂几乎完全相同。

（2）抽取余热锅炉中的一次、二次、三次蒸汽减温减压供热，这类似于燃煤锅炉的减温减压供热。

（3）设置余热锅炉热水炉，即在余热锅炉尾部加一换热段（可以与凝结水加热器做成整体式或单独设置），利用余热锅炉尾部排气加热以供给热水。

（4）综合采用前面几种方法联合供热。

其中，方案1中所述的供热形式比较常见，燃气-蒸汽联合循环机组抽汽供热机组一般在汽轮机中、低压缸之间的连通管打孔抽汽，供热蒸汽从中低压连通管抽出，通过热网抽汽调节阀控制。燃气火电机组抽汽供热系统图如图4-15所示。

典型"二拖一"燃气-蒸汽联合循环热电联产系统图，同时采用余热锅炉和汽轮机供热，如图4-16所示，其为分轴布置，配置了双压锅炉。

余热锅炉供热类似于前文提到的热水锅炉供热，汽轮机供热则与燃煤电站锅炉的汽轮机供热类似。

由上述分析可知，燃气-蒸汽联合循环机组供热，如果着重关注供热，实际上就是余热锅炉+汽轮机供热，计算蒸汽量可以参考燃煤锅炉+汽轮机的计算过程。

三、 其他形式供热

工业余热锅炉供热在热力系统层面与燃煤或燃气锅炉供热没有本质区别，他们之间的差异仅仅是热源（燃料）不同。根据余热的质量和余热锅炉的运行方式，余热锅炉可以产生蒸汽或热水。

热泵机组供热与锅炉供热的原理完全不同，但如果将热泵看成一个黑箱，其产生热

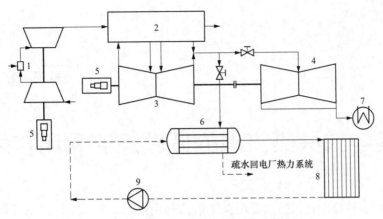

图 4-15 燃气-蒸汽联合循环机组抽汽供热系统图

1—燃气轮机；2—余热锅炉；3—高中压缸；4—低压缸；5—发电机；

6—热网加热器；7—冷凝器；8—热用户；9—热网主循环泵

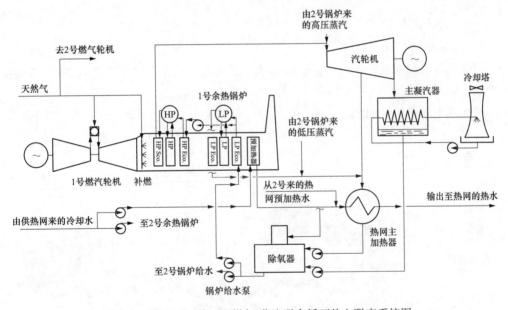

图 4-16 典型"二拖一"燃气-蒸汽联合循环热电联产系统图

水供热，则与锅炉供热的热力系统完全相同。特别需要指出的是，热泵一般从较低温度的热源（如温度 15℃ 的污水、30℃ 左右的电厂冷却水）中取热，其产生的热水也就 50～60℃，一般无法产生蒸汽，也即其相当于低温的热水锅炉。

光热发电系统、小型核反应堆等可以产生蒸汽和热水，也可以用于集中式供热，其本质也是锅炉（光热锅炉和核锅炉），其热力系统与锅炉供热的热力系统相同。

第五章

集中式供热热源的低碳清洁利用技术

本章介绍各种集中式供热热源的低碳清洁利用技术，并基于第四章计算的蒸汽量，计算燃料消耗量，以及相应的二氧化碳及其他污染物排放量及减排量。

第一节 燃 煤 供 热

一、燃煤供热技术

（一）常规燃煤供热技术

我国煤炭资源储量大，目前仍是供热的主要能源。燃煤供热主要有热电联产和锅炉直接供热两种方式。

燃煤热电联产系统如图 5-1 所示。

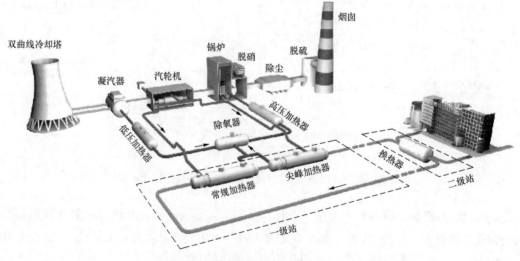

图 5-1 燃煤热电联产供热系统[10]

热电联产是高效的能源转换方式，满足能源"梯级利用，品位对口"原则，高品位热用于发电，低品位热用于供热，容量越大，效率越高，并可实现超低排放，在各类供热方式中最具经济竞争力，也是集中式供热的主热源。

区域燃煤热水锅炉供热系统如图 5-2 所示。

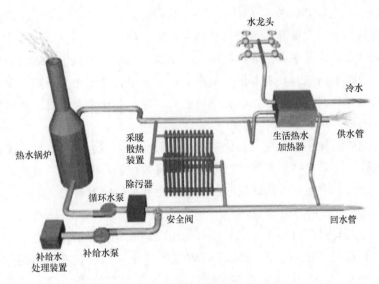

图 5-2　区域燃煤热水锅炉供热系统

现有燃煤供热锅炉种类包括链条炉、循环流化床炉、水煤浆炉、煤粉炉等，生产蒸汽或热水直接供热，可独立供热，也可作为热电联产机组供热的调峰热源。

相比燃煤锅炉直接供热，热电联产机组供热具有更好的节能效果，主要体现在以下两个方面。

1. 热电联产机组的锅炉具有更高的效率

热电联产机组的锅炉产生高参数蒸汽，锅炉容量一般较大，提高热效率对项目经济价值大，由技术水平较高的锅炉厂家供应设备，其锅炉效率一般较高。燃煤供热锅炉产生低参数的蒸汽或热水，锅炉容量一般较小，努力提高锅炉效率的经济价值小，一般由技术水平较低的锅炉厂家供应设备。热电站锅炉的热效率一般在 90％ 以上，而一般燃煤供热锅炉大多在 70％～80％。

2. 热电联产机组实现能量梯级利用

热电联产机组节能的本质是将热用户作为发电系统必需的"冷源"，利用一部分发电系统原本必需的"冷源损失"，即利用了部分（抽汽凝汽式）或全部（背压式）蒸汽的潜热，而纯发电的凝汽式汽轮机，末级排汽中仅有少量凝结水，蒸汽的大部分潜热在凝汽器中释放。

为了提升运行效率、降低投资和运行成本，燃煤热电联产机组与大型燃煤锅炉可采取协调联网运行。按照《热电联产管理办法》（发改能源〔2016〕617 号）对热化系数 60％～70％ 的要求，调峰锅炉供热能力可按供热区最大热负荷的 25％～40％ 考虑，使初投资大、能效高、运行成本低的热电联产机组承担基本热负荷，而初投资小、能效低、运行成本较高的调峰锅炉承担尖峰热负荷。

现有热电联产机组也存在如下问题。

（1）乏汽和烟气余热尚未充分利用。大型燃煤热电联产机组的乏汽和烟气余热中仍然含有大量能量，尚未得到充分利用，若充分回收利用湿冷机组循环水或空冷机组乏汽

121

余热、烟气余热，系统总热效率可由 $60\%\sim70\%$ 提高到 $80\%\sim90\%$，还可避免循环冷却水蒸发、消除白烟中大量雾（水蒸气）而取得巨大的节水效益。

（2）热电耦合，采暖季供热导致电网调度困难。热电联产机组运行时热力和电力呈现耦合状态，采暖季供热时，随着供热量增大，一般最大技术出力下降，最小技术出力上升，机组发电出力的范围缩小，电力调峰能力下降，高比例火电机组热电联产，可能导致电力调度困难。

（3）化石能源消耗导致大量二氧化碳排放。目前，大型火电机组执行超低排放环保标准，二氧化硫、氮氧化物、飞灰等污染物得到有效控制，但对于二氧化碳的大量排放还没有有效且经济的措施，无法满足应对气候变化和可持续发展的长远要求。

（二）碳补集、利用与封存技术

碳捕获、利用与封存（carbon capture, utilization and storage, CCUS）是应对全球气候变化的关键技术之一。联合国政府间气候变化专门委员会（intergovernmental panel on climate change, IPCC）在多个评估报告中指出，如缺少 CCUS 技术，几乎所有模型和情景都无法实现 $1.5℃$ 温升控制目标。在我国的供热转型中，CCUS 同样将扮演重要角色。燃煤热电联产机组供热、燃煤锅炉直接供热等供暖方式中仍会有大量碳排放，可采用 CCUS 技术来捕集，以最终实现净零排放。

CCUS 按技术流程分为捕集、输送、利用与封存等环节。

CO_2 捕集是指将 CO_2 从工业生产、能源利用或大气中分离出来的过程，主要方式包括燃烧前捕集、燃烧后捕集和富氧燃烧等。基于化学吸收法的燃烧后捕集方式是燃煤电厂最适应的捕集技术。

CO_2 输送是指将捕集的 CO_2 运送到可利用或封存场地的过程。根据运输方式的不同，分为罐车运输、船舶运输和管道运输等。

CO_2 利用是指通过工程技术手段将捕集的 CO_2 实现资源化利用的过程。根据工程技术手段的不同，可分为地质利用（驱油、驱气、咸水和地热开采等）、化工利用（合成甲醇、生产化肥、碳酸盐、甲烷、乙酸、小苏打、生物乙醇等）和生物利用（海藻养殖）等。其中，二氧化碳强化石油开采技术（CO_2-EOR）将二氧化碳作为驱油介质注入到地下储层来提高采收率，同时将二氧化碳封存在地下。当市场油价处于高位时，二氧化碳驱油收益不仅可完全抵消 CCUS 成本，还能产生较好的经济收益，是我国早期的 CCUS 示范项目较多采用的方式。

CO_2 封存是通过一定技术手段将捕集的 CO_2 注入深部地质储层，使其与大气长期隔绝，封存方式主要包括地质封存和海洋封存等。

我国 CCUS 技术起步较晚，总体上仍处于研发和示范阶段，已投运或建设中的 CCUS 示范项目约为 40 个，捕集能力 300×10^4t/年。

目前，CCUS 技术总体还存在能耗大、成本高等问题，仅捕集成本就高达 400 元/t。以火力发电厂为例，安装碳捕集装置导致的成本增加高达 $0.26\sim0.4$ 元/kWh，产业化应用还存在困难。

在全球应对气候变化和"碳达峰""碳中和"的语境下，燃煤供热在超低排放的基础上进一步聚焦碳排放的控制技术是行业发展的必然趋势。未来，随着技术的进步及成本的降低，CCUS 技术将对我国供热转型和全领域的"碳达峰""碳中和"事业发挥重要作用。

(三) 燃煤超低排放技术

我国北方城镇清洁供热主要依赖于洁净煤高效利用技术，其中，最突出的要求是燃煤超低排放，它包括脱硫、脱硝、除尘等技术，以及将它们组合在一起的协同控制技术。

1. 脱硫技术

脱硫主要针对的是燃煤锅炉燃烧所生成的 SO_2。目前各国研发的脱硫技术多达数百种，脱硫地点可以是炉内或尾部烟道，其中烟气脱硫技术是目前燃煤电厂控制排放最有效和最广泛应用的一项脱硫技术。

烟气脱硫技术按工艺特性一般可分为湿法、干法、半干法三类。目前，湿法脱硫技术是国内相对比较成熟的脱硫工艺，也是超低排放热电厂应用的主要技术。常用的湿法工艺包括石灰石-石膏法、双碱法（碳酸钠或氢氧化钠作为第一碱，石灰石或氧化镁作为第二碱）、氨酸法、钠盐循环法、碱式硫酸铝法、水和稀酸吸收法、氧化镁法以及海水脱硫等，其中石灰石-石膏湿法脱硫技术是应用最为广泛的一种脱硫工艺。

石灰石-石膏法（WFGD）的主要工艺过程为将石灰石研磨与水混匀调制作脱硫剂后在吸收塔中自上而下喷淋，与锅炉烟气发生酸碱中和反应，首先生产亚硫酸钙，并进一步氧化成为石膏。而脱硫后的烟气通过换热器加热后排入烟囱；参与烟气脱硫的石膏浆液及废水则经过脱水装置处理后被电厂回收利用。在超低排放要求下，通过对脱硫装置进行优化改造，可进一步提升脱硫效率，方法包括在吸收塔内增加持液层、喷淋层来强化传质效率，提高脱硫效率。此外，还衍生出了单塔双循环、双塔双循环、双托盘脱硫、双吸收塔串联等技术形式。

2. 脱硝技术

化石燃料燃烧过程生成的氮氧化物包括 NO、N_2O、NO_2、N_2O_5 等，统称为氮氧化物（NO_x）。目前燃煤电站按常规燃烧方式产生的氮氧化物主要包括一氧化氮（NO）、二氧化氮（NO_2），以及少量的（N_2O）等，其中 NO 约占 90%，NO_2 占 5%～10%，N_2O 仅占 1%左右。

各重要脱硝技术分述如下。

(1) 低氮燃烧技术。低氮燃烧技术总体可分为空气分级燃烧、燃料分级燃烧、烟气再循环（FGR）等几种主流类型。空气分级燃烧通过将燃烧所需空气量分为两级送进炉膛。燃料先在富燃料条件下燃烧，燃烧温度和速度都逐渐降低，从而抑制热力型 NO_x 的生成。完全燃烧所需的其余空气则通过布置在主燃烧器上方的专门空气喷口-火上风（OFA）喷口送入炉膛；燃料分级燃烧是将 80%～85%的燃料送入第一级燃烧区，在过量空气系数大于 1 的条件下，燃烧并生成 NO_x。其余 15%～20%的燃料则在主燃烧器的上部送入二级燃烧区，在过量空气系数小于 1 的条件下形成很强的还原性气氛，使得在一级燃烧区中生成的 NO_x 在二级燃烧区内被还原成氮气分子。在二级燃区中不

仅使得已生成的 NO_x 得到还原，还抑制了新的 NO_x 的生成，可使 NO_x 的排放浓度进一步降低；烟气再循环是将锅炉尾部 $5\%\sim20\%$ 的低温烟气经过再循环风机送回炉中，与助燃空气混合后再送入炉膛，达到降低燃烧区氧浓度和温度的效果，从而降低 NO_x 生成量。FGR 技术同时还可以降低炉内氧气浓度，同样起到脱硝的作用。

（2）臭氧脱硝技术。臭氧脱硝主要利用的是臭氧的强氧化性，将不可溶于水的低价态 NO_x（主要为 NO）氧化为可溶于水的高价态 NO_x，高价态 NO_x 溶于水后生成亚硝酸盐和硝酸盐，通过洗涤塔将其中和吸收，从而达到脱硝的目的。与气相中的其他化学物质如 CO、SO_x 等相比，NO_x 可以很快地被臭氧氧化，这就使得 NO_x 的臭氧氧化具有很高的选择性。因为 NO_x 被转化成溶于水溶液的离子化合物，这就使得氧化反应更加完全，从而不可逆地脱除 NO_x，而不产生二次污染。

（3）选择性非催化还原（SNCR）。该技术是在没有催化剂情况下，在炉内喷入氨水或者尿素等还原剂，在一定的温度窗口（$850\sim900℃$）将高温烟气中的 NO_x 还原为 H_2O 和 N_2。该方法对温度窗口要求较为严格，当温度低于 $850℃$ 时，反应将不完全、氨的逃逸率也比较高，而且反应后还会生成二次污染物；当温度过高时，NH_3 被氧化生成 NO，同样会对空气造成污染。为提高脱硝效率，一般采用增加化学摩尔比，即提高还原剂的喷入量的方法，但过量的 NH_3 会造成新的环境问题。循环流化床锅炉由于烟气温度原因适合采用 SNCR 脱硝技术。

（4）选择性催化还原（SCR）。选择性催化还原催化剂布置在烟气温度为 $350℃$ 左右的烟道中，还原剂一般选用 $5\%\sim15\%$ 的氨水，在 V_2O_5/TiO_2 为主基体的催化作用下，一氧化氮和氨发生化学反应，生成氮气和水，达到脱除 NO_x 的目的。该法脱硝效率高，被广泛应用。与 SNCR 相比，SCR 烟气脱硝效率较高，脱硝率可达 90% 以上，且 NH_3 逃逸率低、无副产品，但投资费用相对较高。影响 SCR 脱硝效率的因素很多，如反应温度不仅影响反应速率还会影响催化剂的反应活性，在使用 V_2O_5/TiO_2 催化剂时，烟温升高会使催化效果增强，烟温达到 $400℃$ 时脱硝效率最高，烟温超过 $400℃$ 则会降低催化剂活性，导致脱硝效率变低；氨（NH_3）氮（NO_x）摩尔比及混合均匀性对脱硝效率的影响也很重要，NH_3 输入量必须既保证 NO_x 的脱除效率，又保证较低的氨逃逸率，一般氨氮摩尔比设置在 $0.9\sim1.05$ 之间。

3. 除尘技术

除尘技术包括离心力除尘、湿式除尘、袋式除尘和电除尘等技术类别；每一类别包含若干小类，燃煤供热工程也可能同时利用多种除尘技术。本书简单介绍电除尘中的低低温电除尘技术、湿式电除尘技术，它们不仅可以除尘，还可以同时脱除二氧化硫等污染物。

低低温电除尘技术通过烟气冷却器降低烟气温度至酸露点以下，使烟气中的大部分三氧化硫（SO_3）在热回收器中冷凝成硫酸雾并黏附在粉尘表面，降低粉尘比电阻，同时使低低温电除尘器击穿电压升高、烟气量减小，除尘效率大幅提高，且低低温电除尘器的出口粉尘粒径将增大，可大幅提高湿法脱硫的协同除尘效果。

湿式电除尘的工作原理是金属放电线在直流高压的作用下，将其周围气体电离，使粉尘或雾滴粒子表面荷电，荷电粒子在电场力的作用下向收尘极运动，并沉积在收尘极上，水流从集尘板顶端流下，将板上捕获的粉尘冲刷到灰斗中随水排出。湿式电除尘技术可实现极低的颗粒物排放浓度，根据其布置方式，有卧式与立式两种方式；根据极板的材料，有金属极板、导电玻璃钢和柔性极板 3 种类型。在燃煤电厂中与干式电除尘器配套使用的湿式电除尘器通常布置在脱硫设备后，与干式电除尘器不同之处在于采用液体冲洗电极表面来进行清灰，具有不受粉尘比电阻影响、无反电晕及二次扬尘等特点，可有效除去烟气中的 $PM_{2.5}$、SO_3、汞及烟气中携带的脱硫石膏雾滴等污染物。

4. 协同控制技术

燃煤热电厂传统的烟气治理方法主要是通过除尘和脱硫脱硝装置等工艺将烟气中的各类污染物分别除去，但工艺之间连接性不强、无法协同开展除污工作。在设计燃煤电厂环保装置时，应当考虑对多种污染物同时进行控制，并且将多种污染物的协同减排作为主要目标[11,12]。超低排放不可能单靠某一种工艺就可以实现，需要将多项技术组合在一起，发挥各自优势，协同推动超低排放的实现。目前，我国燃煤电厂超低排放主要有以下 3 条典型的技术路线。

（1）考虑选择性还原脱硝、湿法脱硫、干式电除尘和湿式电除尘装置的协同作用，通过湿式电除尘器实现细颗粒物以及 SO_3 等的深度脱除；

（2）考虑选择性还原脱硝、干式除尘和湿法脱硫装置的协同作用，通过在湿法脱硫吸收塔内加装高效除雾器，实现烟尘与 SO_2 协同脱除；

（3）考虑选择性还原脱硝、电袋复合除尘和湿法脱硫装置的协同作用，通过电袋复合除尘装置实现烟尘的一次脱除。

除常规污染物（二氧化硫/氮氧化物/粉尘）外，煤炭燃烧还会释放众多非常规的污染物，如重金属、三氧化硫（SO_3）和可凝结颗粒物（CPM）等。目前，多数热电厂还未针对非常规污染物配备专门的脱除装置。随着环保压力的日益增大，非常规污染物的控制技术将成为未来关注的重点。

二、低碳清洁燃煤供热的能耗及节能减排效益

尽管清洁燃煤技术众多，但最主流、运用最广泛的技术还是配置超低排放环保设施的热电联产技术，基于第四章汽轮机入口蒸汽量（锅炉出口蒸汽量）的计算，本章对此技术的能耗和节能减排效益进行分析。

（一）锅炉燃煤量的计算

已知汽轮机入口蒸汽量（锅炉出口蒸汽量）的条件下，锅炉燃煤量的计算公式为

$$B_{m}=\frac{D_{gq}(h_{gq}-h_{gs})+D_{pw}(h_{pw}-h_{gs})+D_{zq}(h_{zq,c}-h_{zp,r})}{Q_{ar,net}\eta_{mg}} \tag{5-1}$$

式中　　　　　　　　B_{m}——锅炉的燃料输入量，kg/s；

D_{gq}、D_{pw}、D_{zq}——锅炉过热蒸汽量、排污水量、再热蒸汽量，kg/s；

h_{gq}、h_{gs}、h_{pw}、$h_{zq,c}$、$h_{zp,r}$——锅炉过热蒸汽焓、给水焓、排污水焓、再热蒸汽出口焓、再热蒸汽入口焓，kJ/kg；

$Q_{ar,net}$——锅炉收到基低位发热量，kJ/kg；

$$\eta_{mg} ——锅炉效率。$$

其中，关于过热蒸汽量和过热蒸汽焓、给水水量、给水焓、排污水量、排污水焓，已经在第四章计算中求出。

煤炭的收到基低位发热量 $Q_{ar,net}$，下标 ar 表示该热量为收到基热量，指以收到状态的煤为基础，下标 net 表示该热量为低位发热量，指燃量完全燃烧后其烟气中的水仍保持蒸汽状态时所放出的热量，是煤炭的固有参数，可以通过氧弹量热法等测量获得。

燃煤锅炉热效率为

$$\eta_{mg} = 1 - (q_2 + q_3 + q_4 + q_5 + q_6) \tag{5-2}$$

式中　η_{mg}——燃煤锅炉热效率；

　　　q_2——锅炉排烟热损失；

　　　q_3——气体不完全燃烧损失（化学不完全燃烧损失）；

　　　q_4——固体不完全燃烧损失（机械不完全燃烧损失）；

　　　q_5——锅炉散热损失；

　　　q_6——灰渣物理热损失分别占 1kg 燃料带入锅炉的热量百分率。

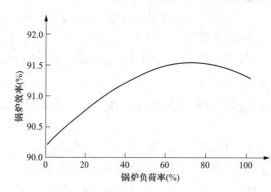

图 5-3　某锅炉效率随锅炉出力的变化曲线[13]

锅炉热效率可以根据设备厂家提供参数获得，值得注意的是，同一台锅炉的效率可能随机组负荷率的不同而有所差异。

某锅炉效率随锅炉出力的变化曲线如图 5-3 所示。

（二）能耗指标和节能效益计算

为计算节能效益，需计算热电联产机组供热的能耗指标，并选取一个可供参照的供热能耗指标。

1. 供热能耗指标的计算

虽然耗煤量已经计算出来，但热电联产项目中，热和电是高度耦合的，评价供热的煤耗，首先需科学地将热电机组的总煤耗划分为发电煤耗和供热煤耗两个部分。《热电联产项目可行性研究技术规定》（计基础〔2001〕26 号）中给出了供热煤耗的计算公式为

$$b_{rp} = \frac{34.12}{\eta_{gL}\eta_{gd}} + \xi_r b_{dp} \tag{5-3}$$

式中　b_{rp}——汽轮发电机组供热的年平均标准煤耗率，kg/GJ；

　　34.12——1GJ 供热量对应的标准煤质量为 34.12kg；

　　η_{gL}、η_{gd}——热电厂锅炉实际运行平均效率（可取比设计效率低 3%～5%）、管道效率（一般取 0.98）；

　　　ξ_r——供热厂用电率，75t/h 以上的锅炉可参照燃煤链条炉供单位吉焦的用电量 5.73kWh/GJ；

b_{dp}——汽轮发电机组发电的年平均标准煤耗率，kg/kWh。

其中，汽轮发电机组发电的年平均标准煤耗率的计算公式为

$$b_{\mathrm{dp}}=\frac{b_{\mathrm{dk}}P_{\mathrm{ak}}+b_{\mathrm{dr}}P_{\mathrm{ar}}}{P_{\mathrm{a}}}=\frac{b_{\mathrm{dk}}(P_{\mathrm{a}}-P_{\mathrm{ar}})+b_{\mathrm{dr}}P_{\mathrm{ar}}}{P_{\mathrm{a}}}$$

$$=b_{\mathrm{dk}}+\frac{(b_{\mathrm{dr}}-b_{\mathrm{dk}})P_{\mathrm{ar}}}{P_{\mathrm{a}}}=b_{\mathrm{dk}}+\frac{b_{\mathrm{dr}}-b_{\mathrm{dk}}}{P_{\mathrm{a}}}\omega Q_{\mathrm{aT}}$$

$$=b_{\mathrm{dk}}+\frac{(b_{\mathrm{dr}}-b_{\mathrm{dk}})}{P_{\mathrm{a}}}\frac{P_{\mathrm{r}}}{Q_{\mathrm{T}}}Q_{\mathrm{aT}}$$

$$=b_{\mathrm{dk}}+\frac{(b_{\mathrm{dr}}-b_{\mathrm{dk}})}{P_{\mathrm{a}}}\frac{W_{\mathrm{c}}\eta_{\mathrm{j}}\eta_{\mathrm{d}}\eta_{\mathrm{a}}\times10^{6}}{3600(i_{\mathrm{c}}-\bar{t}_{\mathrm{c}})}Q_{\mathrm{aT}} \tag{5-4}$$

式中　　b_{dp}——汽轮发电机组发电的年平均标准煤耗率，kg/kWh；

b_{dk}——凝汽发电标准煤耗率，kg/kWh；

P_{ak}——年凝汽发电量，kWh/a；

b_{dr}——热化发电标准煤耗率，kg/kWh；

P_{ar}——年热化发电量，即供热时的发电量（相反的概念是不供热时的凝汽发电量）。热化发电量由两部分组成，一部分是供热抽汽在抽出前在汽轮机膨胀做功过程产生的发电量，称外部热化发电量；另一部分是用于加热供热抽汽的回水（由返回的凝结水和补充水组成）的各段回热抽汽在汽轮机做功的发电量，称为内部热化发电量，kWh/a；

P_{a}——汽轮发电机组年发电量，kWh/a；

ω——热化发电率，又称为电热比，是供热汽轮发电机组的热化发电量与供热量之比，是供热机组的性能指标，ω 值高说明供同样的热，在该机组中转化成电功的能量越多，经济效益越好。热化发电率也等于 1kg 汽轮机抽汽或排汽的循环功所转化的电功与 1kg 蒸汽供处热量之比，kWh/GJ；

P_{r}——供热汽轮发电机组的热化发电量，kWh；

Q_{T}——汽轮机的供热量，GJ；

W_{c}——1kg 汽轮机抽汽或排汽所做的循环功，kWh/kg；

η_{j}、η_{d}、η_{a}——汽轮发电机组机械效率、发电机效率、汽轮机漏气效率；

i_{c}、$\bar{t}_{\mathrm{c}}$——汽轮机供热抽汽焓、抽汽的凝结水焓，kJ/kg；

Q_{aT}——汽轮机的年供热量，GJ/a。

其中，凝汽发电标准煤耗率 b_{dk} 为

$$b_{\mathrm{dk}}=\frac{(D_{0}+D_{\mathrm{L}})(i_{0}-\bar{t}_{1})+D_{\mathrm{R}}\Delta I_{\mathrm{R}}+D_{\mathrm{pw}}(\bar{t}_{0}-\bar{t}_{1})}{29\,308P\eta_{\mathrm{gL}}\eta_{\mathrm{gd}}} \tag{5-5}$$

或

$$b_{\mathrm{dk}}=\frac{d_{\mathrm{k}}(i_{0}-\bar{t}_{1}+\alpha_{\mathrm{R}}\Delta I_{\mathrm{R}})}{29\,308\eta_{\mathrm{gL}}\eta_{\mathrm{gd}}\eta_{\mathrm{Lp}}} \tag{5-6}$$

热化发电标准煤耗率 b_{dr} 为

$$b_{dr} = \frac{3600}{29\,308\eta_j\eta_d\eta_a\eta_{gL}\eta_{gd}\eta_{Lp}} \tag{5-7}$$

式中
b_{dk}——凝汽发电标准煤耗率，kg/kWh；

D_0、D_L、D_R、D_{pw}——汽轮机进汽量、汽水损失量、再热蒸汽量、排污水量，t/h；

i_0、$\bar{t}_0$、$\bar{t}_1$、ΔI_R——汽轮机进汽焓值、锅炉汽包饱和水焓、锅炉给水焓、再热焓升，kJ/kg；

P——机组发电功率，MW；

η_j、η_d、η_a、η_{gL}、η_{Lp}、η_{gd}——汽轮发电机组机械效率、发电机效率、汽轮机漏气效率、热电厂锅炉实际运行平均效率（可取比设计效率低3%～5%）、考虑排污和全厂性汽水损失的系数（可取 $\eta_{Lp}=0.95$）、热电厂锅炉实际运行管道效率（可取 $\eta_{gd}=98\%$）；

b_{dr}——热化发电标准煤耗率，kg/kWh；

d_k——汽耗率，kg/kWh；

α_R——再热份额；

29 308——标准煤热值，kJ/kg。

热电联产供热煤耗为

$$B_{mQ} = b_{rp}Q \tag{5-8}$$

式中　B_{mQ}——供热煤耗量，kg/s；

b_{rp}——汽轮发电机组年平均供热标准煤耗率，kg/GJ；

Q——供热量，GW。

热电联产的供热和发电煤耗的分摊还有其他方法[14]。

2. 节能量计算及其基准

在计算低碳清洁供热技术煤耗量的基础上，节能量的多寡，取决于与之相比较的基准，基准需要有一定的典型性和代表性，一般选用当年全国供热的平均能耗，也可以选用典型被替代对象的能耗，被替代对象的能耗可以算全国平均值，也可以按《公共建筑节能设计标准》（GB 50189—2015）等标准的能耗取值。热电联产供热一般是用于替代集中式燃煤锅炉供热，本书将燃煤集中式供热锅炉的效率 η_{mg} 作为标准。

热电联产机组的节约标准煤量为

$$\Delta B_{mQ} = \left(\frac{10^6}{29\,308\eta_{mg}} - b_{rp}\right)Q \tag{5-9}$$

式中　ΔB_{mQ}——热电联产机组相比燃煤集中锅炉的节煤量，kg/s；

29 308——标准煤热值，kJ/kg；

η_{mg}——燃煤集中式供热锅炉的效率；

b_{rp}——汽轮发电机组年平均供热标准煤耗率，kg/GJ；

Q——供热量，GW。

根据《公共建筑节能设计标准》（GB 50189—2015），在名义工况和规定条件下，锅炉的热效率不应低于表 5-1 的值。

表 5-1　　　　　　　　　　　　　　　锅炉的热效率　　　　　　　　　　　　　　　　　　%

锅炉类型及燃料种类		锅炉额定蒸发量 D(t/h)/额定热功率 Q(MW)					
		$D<1/$ $Q<0.7$	$1\leq D\leq 2/$ $0.7\leq Q\leq 1.4$	$2<D\leq 6/$ $1.4<Q\leq 4.2$	$6\leq D\leq 8/$ $4.2\leq Q\leq 5.6$	$8<D\leq 20/$ $5.6<Q\leq 14$	$20<D/$ $14<Q$
燃油燃气锅炉	重油	86		88			
	轻油	88		90			
	燃气	88		90			
层状燃烧锅炉		75	78	80		81	82
抛煤机链条炉排锅炉	Ⅲ类烟煤	—	—	—		82	83
流化床燃烧锅炉		—				84	

由此，可以将燃煤集中式供热锅炉的效率 η_{mg} 取整为 80%，作为节能减排的基准。

一些标准直接提出了节能量的计算方法，例如，《太阳能供热系统节能量和环境效益计算方法》（NB/T 10152—2019）提到的太阳能供热系统的节能量按下式计算为

$$Q_s=\frac{Q_h-Q_a-3.6Q_p}{q\eta} \tag{5-10}$$

式中　Q_s——太阳能供热系统节能量，kg；

　　　Q_h——太阳能供热系统供热量，MJ；

　　　Q_a——电能以外其他常规能源供热量，MJ；

　　　Q_p——太阳能供热系统耗电量，kWh；

　　　q——标准煤折算系数，取 29.308 MJ/kg；

　　　η——以常规能源为热源时的运行效率，%。

注：辅助热源包含热泵或直接供热的电加热设备时，其耗电量均包含在太阳能供热系统耗电量 Q_p 内，其供热量不计入公式中的 Q_a。

其中，以常规能源为热源时的运行效率 η 的取值如表 5-2 所示。

表 5-2　　　　　　　　　　　以常规能源为热源时的运行效率

常规能源类型	运行效率 η
电	0.90
天然气	0.90
煤、生物质	0.70

也即，当节能量的计算对象为煤或生物质时，其基准效率 $\eta=70\%$。

（三）污染物排放限值和环保效益计算

减少燃煤用量，将减少二氧化碳及二氧化硫、氮氧化物、固体颗粒物等污染物的排放。减少二氧化碳的排放属于"低碳"范畴，减少二氧化硫、氮氧化物、固体颗粒物的排放属于"清洁"范畴。

1. 碳排放量和碳减排量计算

热电联产机组供热的二氧化碳排放量为

$$G_{m\text{-}co_2} = B_{mQ}C\% \frac{44}{12} \tag{5-11}$$

热电联产机组供热的二氧化碳减排量为

$$\Delta G_{m\text{-}co_2} = \Delta B_{mQ}C\% \frac{44}{12} \tag{5-12}$$

式中　$G_{m\text{-}co_2}$——二氧化碳排放量，kg/s；

　　　B_{mQ}——供热煤耗量，kg/s；

　　　$C\%$——收到基含碳量；

　　　$\dfrac{44}{12}$——由碳原子质量换算到二氧化碳质量的系数；

　　　$\Delta G_{m\text{-}co_2}$——二氧化碳减排量；

　　　ΔB_{mQ}——热电联产机组相比燃煤集中锅炉的节煤量，kg/s。

2. 其他污染物排放和减排量

目前电站锅炉和供热锅炉一般都配置了脱硫、脱硝、除尘设施，保证污染物排放满足标准要求。二氧化硫、氮氧化物、飞灰的原始排放量计算较为复杂，设备的脱硫效率、脱硝效率及除尘效率差异很大，为简化计，采用二氧化硫、氮氧化物、飞灰的排放标准值来计算排放量和减排量。

目前燃煤电站锅炉最新版的污染物排放标准见表1-8、表1-9。由排放标准可知，火电的排放限制标准单位一般为 mg/m³（标准状态），因此，计算污染物总排放量需要计算烟气量。

首先，燃煤量和烟气量成正比，因此，可以只依据供热煤耗量算出烟气量，根据这部分烟气量，结合标准，可以计算配置了各种环保设施的污染物排放量。

其次，虽然前文中计算了锅炉的燃料消耗量 B_{mQ}，但实际上参与生产烟气的煤炭需要剔除掉机械不完全燃烧损失，即参与燃烧产生烟气的煤炭消耗量为

$$B_{mj} = B_{mQ}\left(1 - \frac{q_4}{100}\right) \tag{5-13}$$

式中　B_{mj}——计算燃料消耗量，kg/s；

　　　B_{mQ}——锅炉的燃料消耗量，kg/s；

　　　q_4——机械不完全燃烧损失占每1kg燃料带入锅炉的热量百分比，%。

然后计算每1kg燃量产生的烟气量。

煤炭等固体燃料理论烟气量（即过量空气系数 $\alpha = 1$）中包括三原子气体、理论氮气量和理论水蒸气三部分，即

$$V_{my}^0 = V_{RO_2} + V_{N_2}^0 + V_{H_2O}^0 \tag{5-14}$$

其中

$$V_{RO_2} = 0.018\,67C_{ar} + 0.007S_{ar} \tag{5-15}$$

$$V_{N_2} = 0.008N_{ar} + 0.79V^0 \tag{5-16}$$

$$V_{H_2O}^0 = 0.111H_{ar} + 0.012\,4M_{ar} + 0.016\,1V^0 \tag{5-17}$$

$$V^0 = 0.088\,9C_{ar} + 0.265H_{ar} - 0.033\,3(O_{ar} - S_{ar}) \tag{5-18}$$

实际燃烧时，为促进充分燃烧，需要有过量的空气（即过量空气系数 $\alpha > 1$），故实际烟气量为

$$V_{my} = V_{my}^0 + 1.016\,1(\alpha - 1)V^0 = V_{RO_2} + V_{N_2}^0 + V_{H_2O}^0 + 1.016\,1(\alpha - 1)V^0 \tag{5-19}$$

式中　　　　　　　　V_{my}^0——标准状态下每 1kg 收到基燃料燃烧的理论烟气量，m^3/kg；

V_{RO_2}、$V_{N_2}^0$、$V_{H_2O}^0$——标准状态下每 1kg 收到基燃料燃烧的理论烟气中三原子气体、氮气、水蒸气的体积，m^3/kg；

C_{ar}、H_{ar}、O_{ar}、N_{ar}、S_{ar}、M_{ar}——燃料收到基中碳、氢、氧、氮、硫、水蒸气的质量分数，%；

V^0——标准状态下每 1kg 收到基燃料所需理论空气量，m^3/kg；

α——过量空气系数；

V_{my}——标准状态下每 1kg 收到基燃料燃烧的实际烟气量，m^3/kg。

二氧化硫、氮氧化物、飞灰的排放量分别为

$$M_{SO_2} = B_{mj}V_{my}m_{SO_2} \tag{5-20}$$

$$M_{NOx} = B_{mj}V_{my}m_{NOx} \tag{5-21}$$

$$M_{fh} = B_{mj}V_{my}m_{fh} \tag{5-22}$$

二氧化硫、氮氧化物、飞灰的减排量分别为

$$\Delta M_{SO_2} = B_{mj}'V_{my}'m_{SO_2}' - B_{mj}V_{my}m_{SO_2} \tag{5-23}$$

$$\Delta M_{NOx} = B_{mj}'V_{my}'m_{NOx}' - B_{mj}V_{my}m_{NOx} \tag{5-24}$$

$$\Delta M_{fh} = B_{mj}'V_{my}'m_{fh}' - B_{mj}V_{my}m_{fh} \tag{5-25}$$

式中　　M_{SO_2}、M_{NOx}、M_{fh}——燃煤热电联产机组等节能减排设置的二氧化硫、氮氧化物、飞灰的排放量，mg/s；

m_{SO_2}、m_{NOx}、m_{fh}——燃煤热电联产机组等节能减排设施的二氧化硫、氮氧化物、飞灰的排放标准，mg/m^3；

ΔM_{SO_2}、ΔM_{NOx}、ΔM_{fh}——燃煤热电联产机组等节能减排设施的二氧化硫、氮氧化物、飞灰的减排量，mg/s；

m_{SO_2}'、m_{NOx}'、m_{fh}'——作为节能减排基准的燃煤供热锅炉的二氧化硫、氮氧化物、飞灰的排放标准，mg/m^3；

B_{mj}、B_{mj}'——燃煤热电联产机组等节能减排设施、作为节能减排基准的燃煤供热锅炉的计算燃料消耗量，kg/s；

V_{my}、V_{my}'——标准状态下燃煤热电联产机组等节能减排设施、作为节能减排基准的燃煤供热锅炉每 1kg 收到基燃料燃烧的实际烟气量，m^3/kg。

第二节 燃 气 供 热

一、低碳清洁燃气技术

燃气的"气"一般指天然气,天然气的主要成分是甲烷,燃烧后生成二氧化碳、水和少量的氮氧化物,污染排放很小,被视为清洁能源。近年来,北方城镇积极推行燃气替代燃煤供热政策。天然气供热主要通过燃气锅炉或壁挂炉直接燃烧供热和燃气-蒸汽联合循环热电厂等方式来实现。

（一）天然气直接燃烧供热

与燃煤锅炉房不同,燃气锅炉房效率与锅炉容量关系不太大。

燃气锅炉供热相比传统的燃煤小锅炉供热具有节能减排效益,主要体现在以下两个方面:

（1）燃气锅炉普遍具有更高的热效率。燃气锅炉的燃料是天然气,相比燃煤锅炉的固态煤炭颗粒与空气混合,天然气与空气混合可以非常充分且迅速,过量空气条件下燃烧可以非常充分,几乎不存在气体不完全燃烧损失（化学不完全燃烧损失）。同时,燃烧过程中不涉及固体,故没有固体不完全燃烧损失（机械不完全燃烧损失）,不产生灰渣,因而也没有灰渣物理热损失。

（2）天然气燃烧排放的二氧化碳和污染物更少。天然气的主要成分是甲烷（CH_4）,产生同样热量时比煤炭产生的二氧化碳要低很多,以陕北、内蒙古的典型发电用煤炭为例,其热值为5500kCal/kg(1kCal=4.186 8kJ),1 kg产生的CO_2为2.620kg,天然气热值可取8500kCal/m^3,每立方米产生的CO_2为1.885kg,经折算可知同等热量下燃煤CO_2的排放量是燃气的2.15倍。另外,天然气燃烧不会产生硫的氧化物,不会产生灰渣,产生的氮氧化物也很少。

天然气锅炉效率一般可达90%（低位热值）,烟气余热全热（显热和潜热）的回收潜力巨大,可使利用效率提高15%～20%,锅炉效率可达到110%（低位热值）,可实现余热节能、节省天然气运行经济和节水消白、减排效果。传统的烟气余热回收包括空气预热方式、热网水间壁式换热方式及其组合,可提高供热效率3%～5%,但不能实现显热、潜热的深度回收,换热设备体积大、易酸性腐蚀,受外界冷源温度限制,排烟温度降低有限。

采用热泵技术可以进一步提高天然气供热的能源利用效率,目前已经有不少相关技术,本书对其中的典型技术进行简要介绍。

燃气空气源吸收式热泵（GAP）以燃气作驱动能源,用氨水吸收式热泵技术,1份燃气可以从空气中获取约0.7份的低品位热能,制取高品位热能的装置,减少环境温度对供热量的影响。

燃气空气源吸收式热泵（GAP）示意图如图5-4所示。

近年来出现了一种直接接触式换热与热泵相结合的全热回收新流程,如图5-5所

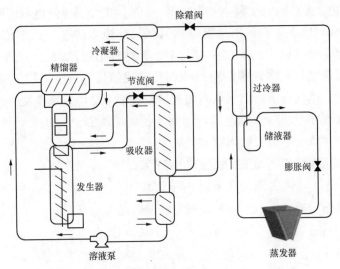

图 5-4　燃气空气源吸收式热泵（GAP）示意图

示，利用高温热水、烟气或燃气、电力作驱动力，减小换热过程中的不可逆损失，同时回收烟气显热和潜热，将排烟温度降至 20℃以下，可提高锅炉供热效率 10％以上。采用直接接触式换热，一是换热效果好，气液两相接触面积大，喷淋换热烟气与冷却水间换热端差可达 2℃，比传统换热温差 5℃降低 60％；二是结构简单、体积小、成本低，仅为间壁式结构的 20％～50％；三是可以实现余热回收与减排一体化，喷淋水加碱中和，解决了酸性冷凝水对金属的腐蚀问题。

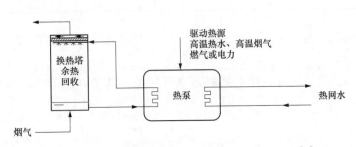

图 5-5　基于热泵的直接接触式烟气余热回收方式[15]

（二）燃气-蒸汽联合循环机组供热

将燃气轮机和汽轮机动力装置联合，可以实现"高参数发电-中参数发电-低参数供热"的能源梯级利用模式。

燃气-蒸汽联合循环供热的一些技术细节在第四章第二节"二、燃气-蒸汽联合循环机组供热"中已有较详细的介绍，这里不再赘述。

燃气联合循环供热技术在应用中仍存在以下问题：一是供热成本高，因为燃气价格高，故燃气-蒸汽联合循环供热的成本也高，实际上国内仅少数城市可以大规模应用燃气-蒸汽联合循环供热，往往需政府每年支付大量补贴。二是相比燃煤热电厂，热电比低。燃气-蒸汽联合循环热电比较小（为 $0.6\sim0.7$），仅为燃煤热电联产的热电比 2.0 的 $1/3$，这导致为满足供热需求，本地发电量需增长到原来的 3 倍。在相同供热面积下，该技术的耗气量是燃气锅炉的 8 倍左右，全年天然气消耗量大。三是国内燃料供应不足，大规模发展会增加我国能源的对外依存度。我国煤多气少，燃气储量和开发量不多，且有很多居民燃气需求，燃气电站用气供应经常不足，大规模发展燃气热电联产机组，可能增加我国能源的对外依存度，不利于我国能源安全。四是燃气-蒸汽联合循环供热机组仍然会排放一定量二氧化碳和氮氧化物。

二、低碳清洁燃气供热的能耗及节能减排效益

（一）燃气锅炉的供热能耗及节能减排效益

燃气锅炉供热能耗，为了统一，换算为标准煤耗为

$$B_{qQ} = \frac{1}{\eta_{qg}} \frac{Q}{29\ 308} \tag{5-26}$$

节约标准煤量为

$$\Delta B_{qQ} = \left(\frac{1}{\eta_{mg}} - \frac{1}{\eta_{qg}}\right) \frac{Q}{29\ 308} \tag{5-27}$$

式中　B_{qQ}——燃气锅炉供热标准煤耗，kg/s；

　　　ΔB_{qQ}——燃气锅炉相比燃煤集中锅炉的节煤量，kg/s；

　　η_{mg}、η_{qg}——燃煤、燃气集中式供热锅炉的效率；

　　$29\ 308$——每 1kg 标准煤的发热量，kJ/kg；

　　　　Q——供热量，kW。

燃气锅炉供热时排放二氧化碳，同时排放氮氧化物等污染物，但一般没有硫化物和飞灰。计算燃气锅炉的二氧化碳和污染物排放量，与燃煤锅炉进行比较，可以计算燃气锅炉的减排量。

燃气锅炉二氧化碳的排放量与燃料量直接相关，其二氧化碳的排放量可通过下式表出

$$G_{q\text{-}co_2} = \frac{Q}{\eta_{qg} Q_{net}} \frac{44}{16} \tag{5-28}$$

燃气锅炉供热的二氧化碳减排量为

$$\Delta G_{q\text{-}co_2} = B_{mQ} C\% \frac{44}{12} - \frac{Q}{\eta_{qg} Q_{net}} \frac{44}{16} \tag{5-29}$$

式中　$G_{q\text{-}co_2}$——燃气锅炉供热的二氧化碳排放量，kg/s；

　　　　Q——供热量，kW；

　　　Q_{net}——燃气低位发热量，kJ/kg；

　　　$\frac{44}{16}$——由甲烷（CH_4）质量换算到二氧化碳质量的系数；

　　　η_{qg}——燃气集中式供热锅炉的效率；

$\Delta G_{\text{q-co}_2}$——燃气锅炉相比燃煤集中锅炉的二氧化碳减排量，kg/s；

B_{mQ}——集中式燃煤供热锅炉的煤耗量，kg/s；

$C\%$——收到基含碳量；

$\dfrac{44}{12}$——由碳原子（C）质量换算到二氧化碳质量的系数。

关于燃气锅炉排放的污染物，分析思路与前文的燃煤锅炉排放污染物相当，首先需要计算烟气量，然后需要该燃气锅炉的环保排放标准。

再计算标准状态下每 1m^3 燃气燃烧的烟气量。

气体燃烧产生的理论烟气量（即过量空气系数 $\alpha=1$）为

$$V_{\text{qy}}^0 = V_{\text{RO}_2} + V_{\text{N}_2}^0 + V_{\text{H}_2\text{O}}^0 \tag{5-30}$$

实际燃烧时，为促进充分燃烧，需要有过量的空气（即过量空气系数 $\alpha>1$），实际烟气量为

$$V_{\text{qy}} = V_{\text{RO}_2} + V_{\text{N}_2} + V_{\text{O}_2} + V_{\text{H}_2\text{O}} \tag{5-31}$$

式中　V_{RO_2}——每标准立方米烟气中三原子气体体积，$V_{\text{RO}_2} = 0.01(\text{CO}_2 + \text{CO} + \text{H}_2\text{S} + \sum m C_m H_n)$，其中 $C_m H_n$ 表示烃类，m 为烃类分子中碳原子数量，n 为氢原子数量。对于天然气燃烧，燃料中仅含 CH_4，因此，$V_{\text{RO}_2} = 0.01\text{CH}_4$，$\text{m}^3/\text{m}^3$；

V_{N_2}——每标准立方米烟气中理论氮气量，$V_{\text{N}_2} = 0.01\text{N}_2 + 0.79V^0$，对于天然气，基本不含氮气，因此 $V_{\text{N}_2} = 0.79V^0$，m^3/m^3；

$V_{\text{H}_2\text{O}}^0$——每标准立方米烟气中理论水蒸气体积，$V_{\text{H}_2\text{O}}^0 = 0.01[\text{H}_2 + \sum \dfrac{n}{2}C_m H_n + \text{H}_2\text{S} + 0.124(d_\text{R} + d_\text{k}V^0)]$，对于天然气燃烧，燃料中仅含 CH_4，因此，$V_{\text{H}_2\text{O}}^0 = 0.01[2\text{CH}_4 + 0.124(d_\text{R} + d_\text{k}V^0)]$，$\text{m}^3/\text{m}^3$；

V^0——每标准立方米天然气燃烧所需理论空气量，$V^0 = 0.023\,81\text{H}_2 + 0.023\,81\text{CO} + 0.047\,62\sum\left(m + \dfrac{n}{4}\right)C_m H_n + 0.071\,43\text{H}_2\text{S} - 0.047\,62\text{O}_2$，其中 $C_m H_n$ 表示烃类，m 为烃类分子中碳原子数量，n 为氢原子数量。对于天然气燃烧，燃料中仅含 CH_4，因此，$V^0 = 0.047\,62 \times 2\text{CH}_4$，$\text{m}^3/\text{m}^3$；

V_{O_2}——每标准立方米烟气中实际氧气量，$V_{\text{O}_2} = 0.21(\alpha-1)V^0$，$\text{m}^3/\text{m}^3$；

$V_{\text{H}_2\text{O}}^0$——每标准立方米烟气中理论含水量，$V_{\text{H}_2\text{O}}^0 = 0.01[\text{H}_2 + \sum \dfrac{n}{2}C_m H_n + \text{H}_2\text{S} + 0.124(d_\text{R} + d_\text{k}V^0)]$，对于天然气燃烧，燃料中仅含 CH_4，因此，$V_{\text{H}_2\text{O}}^0 = 0.01[2\text{CH}_4 + 0.124(d_\text{R} + d_\text{k}V^0)]$，$\text{m}^3/\text{m}^3$；

d_k——标准状态下每 1m^3 空气含湿量，g/m^3；

d_R——标准状态下每 1m^3 燃气的含湿量，g/m^3；

V_{qy}^0、V_{qy}——标准状态下每 1m^3 天然气燃烧的理论烟气量、实际烟气量，m^3/m^3；

CO_2、CO、H_2S、C_mH_n、H_2、N_2——燃气中各组成成分的体积分数,%。

燃气燃烧的主要污染物为 NO_x,其排放量为

$$M_{NO_x} = \frac{1}{\eta_{qg}} \frac{Q}{Q_{net}} V_{qy} m_{NO_x} \tag{5-32}$$

二氧化硫、氮氧化物、飞灰的减排量分别为

$$\Delta M_{SO_2} = B'_{mj} V'_{my} m'_{SO_2} \tag{5-33}$$

$$\Delta M_{NO_x} = B'_{mj} V'_{my} m'_{NO_x} - \frac{1}{\eta_{qg}} \frac{Q}{Q_{net}} V_{qy} m_{NO_x} \tag{5-34}$$

$$\Delta M_{fh} = B'_{mj} V'_{my} m'_{fh} \tag{5-35}$$

式中 ΔM_{SO_2}、ΔM_{NO_x}、ΔM_{fh}——燃气锅炉等节能减排设施的二氧化硫、氮氧化物、飞灰的减排量,mg/s;

η_{qg}——燃气集中式供热锅炉的效率;

Q——燃气锅炉供热量,kW;

Q_{net}——燃气锅炉供热量、燃气低位发热量,kJ/m^3;

V_{qy}——标准状态下每 $1m^3$ 燃气燃烧的实际烟气量,m^3/m^3;

m_{NO_x}——燃气锅炉等节能减排设施的氮氧化物的排放标准,mg/m^3;

B'_{mj}——作为节能减排基准的燃煤供热锅炉的计算燃料消耗量,kg/s;

V'_{my}——标准状态下作为节能减排基准的燃煤供热锅炉每 $1kg$ 收到基燃料燃烧的烟气量,m^3/kg;

m'_{SO_2}、m'_{NO_x}、m'_{fh}——作为节能减排基准的燃煤供热锅炉的二氧化硫、氮氧化物、飞灰的排放标准,mg/m^3。

(二)燃气-蒸汽联合循环热电联产的供热能耗及节能减排效益

燃气轮机不直接供热,因此,仅研究供热问题时,可以将燃气-蒸汽联合循环系统等效为余热锅炉带蒸汽轮机供热。

计算燃气-蒸汽联合循环热电联产机组供热的二氧化碳、NO_x 排放时,需要计算供热对应的燃气耗量,涉及发电和供热对于燃料和能量的划分。

《燃气-蒸汽联合循环热电联产能耗指标计算方法》(GB/T 40370—2021)确立了无补燃燃气-蒸汽联合循环热电联产机组供热工况下进行合理电热分摊的一般原则,规定了能耗指标的计算方法。GB/T 40370—2021 针对燃气-蒸汽联合循环热电联产与燃煤热电联产循环方式的不同,并考虑工业抽汽供热与采暖抽汽供热的不同、机组大小的不同以及热电比的不同,制定热量法、㶲热联合法、实际焓降法三种能耗分摊计算方法,可根据项目适用场合选择其中一种能耗分摊计算方法,全年采用加权平均进行计算。

限于篇幅,这里仅引述热量法,其他方法请读者自行查阅 GB/T 40370—2021。

在热量法中,总输入热耗量计算公式为

$$Q_{tp} = D_{ng} LHV_{ng} \tag{5-36}$$

式中　　Q_{tp}——燃气-蒸汽联合循环总输入热耗量，kJ/h；

　　　　D_{ng}——燃料耗量，kg/h；

　　LHV_{ng}——燃料低位发热值，kJ/kg。

　　在热量法中，抽汽位置在汽轮机抽汽口，回水点位置在机组补水点，供热热耗量计算公式为

$$Q_{tp(h)} = \{\sum D_h \times [h_h - \gamma_h \times h'_h - (1 - \gamma_h) \times h_b] + \sum D_w \times$$
$$[h_w - \gamma_w \times h'_w - (1 - \gamma_w) \times h_b]\}/\eta_{hr} \tag{5-37}$$

式中　　$Q_{tp(h)}$——供热热耗量，kJ/h；

　　　　D_h——供热抽汽量，kg/h；

　　　　h_h——供热抽汽比焓，kJ/kg；

　　　　γ_h——机组供热抽汽回水比例；

　　　　h'_h——供热抽汽回水比焓，kJ/kg；

　　　　h_b——补水比焓，kJ/kg；

　　　　D_w——供热水量，kg/h；

　　　　h_w——供热水比焓，kJ/kg；

　　　　γ_w——机组供热水回水比例；

　　　　h'_w——供热水回水比焓，kJ/kg；

　　　　η_{hr}——换热效率，为余热锅炉入口热量与排烟能量之差除以入口热量。

　　在求解供热热耗量 $Q_{tp(h)}$ 后，就可以像燃气锅炉那样计算出节能量和减排量，这里不再赘述。

第三节　电力供热

一、电力供热技术

　　再电气化是实现我国"双碳"目标和治理环境污染的关键措施。近年来，我国可再生能源发电发展迅速，如果利用电能替代部分燃煤供热，不仅可以促进可再生能源消纳，而且可以满足日益增长的城镇供热需求，同时可较大程度缓解环境压力。

　　电供热技术很多，但大致可以归为电直热和电热泵两大类。本书主要简单介绍电锅炉，作为集中式供热时电直热的代表，同时介绍电热泵。

（一）电锅炉供热

　　按加热原理分，电锅炉分为电极式锅炉、电阻式锅炉、电磁式锅炉等类别。按是否蓄热分，电锅炉可以分为蓄热式和直热式锅炉；蓄热式电锅炉中又区分水蓄热电锅炉和蓄热砖式电锅炉。一般而言，很少用电锅炉直接供热，因电能主要来源于火电，存在间接排放，运行成本高。因此，电锅炉一般需配置储热设施，从而可以有效利用便宜的低谷电，提高项目的经济性。电极式锅炉经常配置水蓄热装置，电阻式锅炉经常配置蓄热砖装置。

1. 电极式锅炉和水蓄热装置

电极式锅炉利用中压电极直接加热电解质水。中压电极电压一般大于或等于 6kV，常在 10～25kV 之间，电锅炉加热功率与电压的平方呈正比关系，电压越高，电锅炉容量越大。电解质水由电厂除盐水中加入一定量的电解质形成，具有一定的导电性和电阻，放入中压电极通电后，电解质水因电阻效应被加热产生热水和蒸汽。电极式锅炉可以细分为浸没式电极锅炉和喷射式电极锅炉，浸没式电极锅炉的电极直接浸没在电解质水中，锅炉中的水和锅炉外壁需采取绝缘隔离措施；喷射式电极锅炉将锅炉中的水喷射到电极上加热，锅炉金属外壁不需采取绝缘隔离措施。电极锅炉加热功率的调节主要通过改变电极间电解质水的电阻实现，可以实现 0%～100% 范围内的无级调节。

电极式锅炉系统简单、占地面积小，单台电极锅炉容量为 3～80MW，能量转化效率为 99%，变压器投资小，热态启动 5min 可达额度供热出力，启停灵活、方便，可实现快速调节、全自动控制，且操作简单、维护保养费用低、控制精确。根据电极式锅炉的工作原理，一般电极式锅炉不与储热装置一体化配置，可在其外部设置水储热等设施。电极式锅炉示意图如图 5-6 所示。

高压电极锅炉通常配套水储热装置，高压电极锅炉产生的热量既可以直接输出至热网，也能够以高温热水的形式存储在热水储热罐中，在热网有需要时对外释放热量。

水储热装置一般采用罐体形式，称为水储热罐。按压力划分，水储热罐可分为变压式水储热罐和定压式水储热罐。变压式水储热罐包括直接储存蒸汽或者储存热水和小部分蒸汽的水储热罐；定压式水储热罐，包括常压水储热罐和承压水储热罐。按安装形式划分，水储热罐可分为立式、卧式、露天和直埋等类型。已实际工程应用的水储热罐的外形如图 5-7 所示。

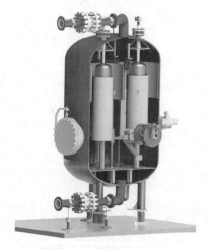

图 5-6　电极式锅炉示意图

图 5-7　已实际工程应用的水储热罐的外形

2. 固体储热电阻式锅炉

电阻式电锅炉是一种采用高阻抗管形电热元件加热的电热设备，类似于我们生活中的"热得快"，工程中实际应用的电阻式锅炉为固体储热电阻式锅炉，即利用电阻加热固体储热砖等固体储热装置，而后使用风机通过热风加热水，实现对外供热。

固体储热电阻式锅炉系统较复杂、占地面积大（但比电极式锅炉＋水储热装置的占地面积小），因涉及风机鼓风气固换热带来一定能量损失，热效率相比电极式锅炉稍低。固体蓄热电阻式锅炉系统如图 5-8 所示。

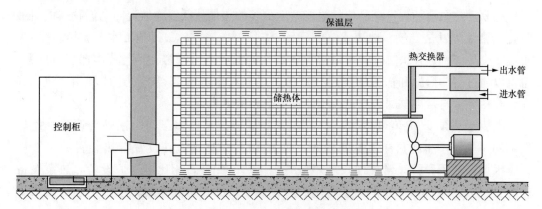

图 5-8　固体蓄热电阻式锅炉系统

电极式、电阻式锅炉的技术特性对比如表 5-3 所示。

表 5-3　　　　　　　　　　　电阻式、电极式锅炉的技术特性

类别项目	电阻式（直热式）	电极式（直热式）
主要构成单元	主要由炉体、电热管、动力柜、控制系统（含温度、压力、安全保护等控制）等组成	主要由炉体、浸没式三相电极、压力容器、膨胀罐、循环水泵、控制保护系统（含安全阀、短路及接地保护、声光报警、压力、温度、排污）等组成
参数说明	输入电压 380V，输出功率 0.2～6MW	输入电压 3～20kV，输出功率 1～70MW
接入特点	炉体与动力柜一体，外部电缆（或母排）直接接到动力柜上即可供热。因此需要增容或新建配电变压器、低压柜及电缆等配套电力投入	可以直接使用高压进线接入锅炉，因此省去了普通电锅炉所需要的变压器、低压柜、低压保护、低压电缆及配套电力施工等一系列电力投资
应用场合	适合小范围供热场合，大规模供热需要多台串联。适用于家庭供暖、宾馆、办公等场所	可实现区域供热，尤其适合于 $8～10 \times 10^4 m^2$ 以上的建筑群。适用于城市集中供暖、风电消纳以及工矿企业等需要供暖蓄热的企事业单位
特点分析	结构简单，可串联成组运行；炉体与动力柜一体，体积小，安装方便；安全，不会发生干烧现象；适用 5×10^4 以下供热面积	结构简单，可串联成组运行；功率大，在 $10\%～100\%$ 的范围内可以做到无级调节；启动速度快；运行噪声小；安全，不会发生干烧现象；适用 10×10^4 以上面积

3. 电磁式锅炉

电磁式锅炉采用电磁原理，即利用磁力线切割金属发生涡流所产生的热能作为热

源，加热给水供热。电磁式锅炉利用电磁感应制热，实现了真正意义上的水、电分离，有利于运行人员安全。但电磁式锅炉的热效率一般仅为 $60\%\sim80\%$，且对技术人员的要求更高，在集中式供热中很少得到应用。

（二）电驱动热泵供热

电驱动热泵消耗少量高品位的电能，使更多的热量从低温物体流向高温物体的机械装置。热源可以是空气、地表水（江河水、湖泊水、海水等）、地下水、城市自来水、土壤、废热等。热泵供热方式可以避免电直热的低效电力增容和运行成本昂贵等问题，也可以通过蓄热措施和初末寒期运行调节，尽量利用电网低谷电，还能利用弃风、弃光、弃核等因与常规电网用户负荷不匹配而浪费的电力。

电驱动热泵 COP 值可达 $3\sim5$，比电锅炉的能效高得多。与电锅炉普遍配套蓄热器不同，热泵产生的热介质温度较低，仅有 $60\sim80℃$，为其设置蓄热装置的经济性差，因此一般不蓄热，常无法仅利用低谷电供热。此外，相比电锅炉设备，热泵设备还有噪声大、造价高等缺点，适合同时有冷热需求的宾馆类建筑，特别是制冷需求高的场所。

从技术发展和应用看，各类热泵受资源规模、利用条件限制，各有适用场合和对象，一般宜为分散供热系统或面向小型社区的分布式集中式供热。否则，当较大规模或较长距离输送时因为低温侧和高温侧输送温差远小于集中式供热（温差 $50℃$ 以上）导致输配电耗巨大，造成系统 COP 低，不利于节能，运行费用也高。但各类热泵也可以多能互补的形式作为集中式供热的补充热源。

二、电供热的能耗及节能减排效益

（一）电锅炉供热的能耗及节能减排效益

电锅炉供热的能耗计算与燃煤锅炉、燃气锅炉基本相同，其供热效率可以达到 95% 以上。

电锅炉供热能耗，统一换算为标准煤耗为

$$B_Q = \frac{1}{\eta_{dg}} \frac{Q}{29\,308} \tag{5-38}$$

节约标准煤量为

$$\Delta B_Q = \left(\frac{1}{\eta_{mg}} - \frac{1}{\eta_{dg}}\right) \frac{Q}{29\,308} \tag{5-39}$$

式中　B_Q——标准煤煤耗，kg/s；

　　η_{dg}、η_{mg}——电锅炉、燃煤锅炉的效率；

　　　Q——供热量，kW；

　　ΔB_Q——电锅炉相比燃煤集中锅炉的节煤量，kg/s；

　　$29\,308$——每 $1kg$ 标准煤的发热量，kJ/kg。

供热电锅炉的能源转化效率虽然较高，但却消耗高品位的电能产生低品位的热，存在大量㶲损失，从经济性角度看一般也不划算。电锅炉的盈利模式主要是在谷电期间（一般在夜间）用电，通过储热装置储热，然后全天放热供热。

供热电锅炉在运行过程中不产生二氧化碳及其他污染物，因此，直接计算燃煤锅炉的二氧化碳和其他污染物量即其减排量。从更深的层次看，电锅炉所用电力大部分来自于燃煤发电厂，燃煤发电厂电力生产过程中会产生二氧化碳和其他污染物，需分析电锅炉供热的间接煤耗量和污染物排放情况。

假如供应 1GJ 的热量，电锅炉供热的间接煤耗量 B 为

$$B = \frac{1}{\eta_{dg}} \alpha B_N \frac{29\,308}{Q_{ar,net}} \tag{5-40}$$

式中　B ——电锅炉供热的间接煤耗量，kg/s；

　　　η_{dg} ——电锅炉的电热转换效率；

　　　α ——电网中煤电机组的发电量占总发电量的比例；

　　　B_N ——燃煤机组的发电标准煤耗率，kg/s；

　29 308——每 1kg 标准煤的发电量，kJ/kg；

　　　$Q_{ar,net}$ ——锅炉收到基低位发热量，kJ/kg。

燃煤量计算出来后，就可以计算二氧化碳排放量、污染物排放量，进而计算出二氧化碳及其他污染物的减排量，参考前文的论述，这里不再赘述。

（二）热泵供热的能耗及节能减排效益

热泵供热的效率高于电锅炉，其效率可以用性能系数 COP 来表示。

$$COP = \frac{Q}{N} \tag{5-41}$$

式中　COP ——热泵的性能系数；

　　　Q ——热泵供热量，kW；

　　　N ——热泵用电量，kW。

COP 的本质与电锅炉效率 η_{dg} 类似，热泵供热的为标准煤耗为

$$B_Q = \frac{1}{COP} \frac{Q}{29\,308} \tag{5-42}$$

节约标准煤量为

$$\Delta B_Q = \left(\frac{1}{\eta_{mg}} - \frac{1}{COP} \right) \frac{Q}{29\,308} \tag{5-43}$$

式中　ΔB_Q ——电锅炉相比燃煤集中锅炉的节煤量，kg/s；

　COP、η_{mg} ——热泵性能系数、燃煤锅炉的效率；

　29 308——每 1kg 标准煤的发热量，kJ/kg；

　　　Q ——供热量，kW。

热泵供热不直接产生二氧化碳和其他污染物，但电力生产需要耗煤，煤耗量 B 为

$$B = \frac{1}{COP} \alpha B_N \frac{29\,308}{Q_{ar,net}} \tag{5-44}$$

式中　B ——煤耗量，kg/s；

　　COP——热泵性能系数；

　　　α ——电网中煤电机组的发电量占总发电量的比例；

B_N ——燃煤机组的发电标准煤耗率，kg/s；

$Q_{ar,net}$ ——锅炉收到基低位发热量，kJ/kg；

29 308——每 1kg 标准煤的发热量，kJ/kg。

根据煤耗量就可以计算二氧化碳和其他污染物的排放量，以及减排量，参考前文的论述，这里不再赘述。

第四节 新 能 源 供 热

一、生物质供热

（一）生物质低碳清洁供热技术

生物质能是人类能源消费中的重要组成部分，是地球上唯一可再生碳源，其开发利用前景广阔。我国生物质资源受到耕地短缺的制约，主要以各类剩余物和废弃物为主（被动型生物质资源），主要包括农业废弃物、林业废弃物、生活垃圾、污水污泥等。生物质能是国际公认的零碳可再生能源，生物质能通过发电、供热、供气等方式，广泛应用于工业、农业、交通、生活等多个领域，是其他可再生能源无法替代的。若结合生物能源与碳捕获和储存（bioenergy with carbon capture and storage，BECCS）技术，生物质能将创造负碳排放。目前我国主要生物质资源年产生量约为 34.94×10^8 t，生物质资源作为能源利用的开发潜力为 4.6×10^8 t 标准煤，生物质清洁供暖面积超过 $3 \times 10^8 m^2$，预计未来生物质清洁取暖面积将超过 $10 \times 10^8 m^2$，生物质能将在各个领域为我国 2030 年碳达峰、2060 年碳中和做出巨大减排贡献。

生物质资源的最大特点是原料分散，能量密度低，需要消耗一定人力或能源进行收集和运输；同样热值的燃料，秸秆体积是煤的 9 倍以上，还存在收获的季节性。生物质资源利用，必须解决收集、运输、储存、能量转化效率和生成物后处理等一系列问题。我国生物质资源利用，应优先满足农村生活用能，对东北、内蒙古等生物质资源特别丰富且相对集中的地区，在满足当地农村生活用能后还有富余的情况下，可以考虑采用一定的集中加工、转换形式，为临近村、镇、县，甚至市提供部分能源供应。秸秆利用应以生物质固体压缩成型技术为主，采用以村为单位的小规模代加工模式。我国农村家户式禽畜养殖逐渐被集中养殖所替代，小型家户式沼气也会逐步退出，代之以更为集中、高效的大中型生物质燃气系统。

生物质清洁供热主要用于工业园区、工业企业、商业设施、公共服务设施、农村居民采暖等供热领域，主要集中式供热方式有生物质锅炉集中式供热、生物质热电联产等。

1. 生物质锅炉供热

生物质的直接燃烧是最常见的生物质能转换技术，所谓直接燃烧就是燃料中的可燃成分和氧化剂（一般为空气中的氧气）进行化合的化学反应过程，在反应过程中放出热量，并使燃烧产物的温度升高，其主要目的就是取得热量。

生物质燃料锅炉的种类很多，按照锅炉燃用生物质品种的不同可分为木材炉、薪柴炉、秸秆炉、垃圾焚烧炉等；按照锅炉燃烧方式的不同又可分为层燃锅炉、流化床锅炉、悬浮床锅炉等。层燃炉适合于高水分、高灰分以及不同粒径的生物质燃料；流化床原料适应范围更为广泛，最适合含高水分生物质燃料的燃烧，但要求的粒径较小，一般鼓泡床能够燃烧的物料粒径不能大于 80mm，循环流化床的物料粒径不能大于 40mm；悬浮床锅炉中气流速度较循环流化床更大，对生物质燃料尺寸要求更加严格，一般为10～20mm，含水率不能超过 20％。生物质燃烧锅炉类型如图 5-9 所示。

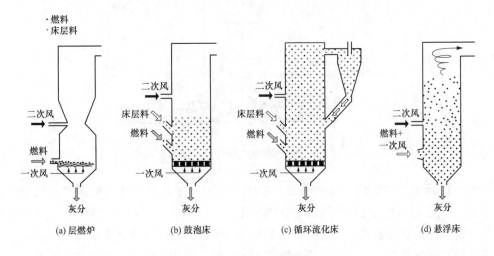

图 5-9　生物质燃烧锅炉类型

生物质锅炉使用的燃料主要有木材、能源作物（稻壳、秸秆、麻秆等）、工业木材废弃物和农业废弃物，其形式可以是碎料或成型料。生物质成型燃料应用于生物质锅炉进行供热，是将农林废弃物经粉碎后用机械加压的方法压缩成具有一定形状、比重较大的固体成型燃料，便于运输和储存，能提高燃烧效率，且使用方便、卫生，可以形成商品能源。目前，生物质成型燃料锅炉供热已具备了产业化的基础和条件，发展潜力很大。

2. 生物质热电联产

生物质热电联产技术与燃煤热电联产技术原理基本一致，但生物质原料需要不同的收集、储存、运输以及转化技术，用于热电联产的生物质的转化路线也有所不同。生物质热电联产技术可分为两类：直接燃烧技术和气化技术，气化技术包括固体生物质直接气化、固体生物质高温分解生成生物油后气化，以及湿生物质（如动物废弃物）经厌氧发酵生成生物质气。

图 5-10 所示为生物质直接燃烧热电联产系统流程图。将生物质原料从附近各个收集点运送至电厂，经预处理（破碎、分选）后存放到原料存储仓库，然后由原料输送车将预处理后的生物质送入锅炉燃烧，通过锅炉换热将生物质燃烧后的热能转化为蒸汽，为汽轮发电机组提供汽源进行发电，汽轮机排汽通过换热器冷凝后，被送入水处理装置。生物质燃烧后的灰渣落入除灰装置，由输灰机送到灰坑，进行灰渣处置。烟气经过烟气处理系统

后由烟囱排放入大气中。直接燃烧生物质热电联产系统与燃煤热电联产系统相比,增加了生物质准备工场、生物质处理设备(干燥器、筛选机和研磨机等)等设备。

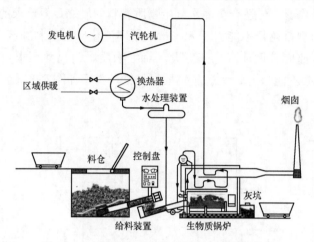

图 5-10　生物质直接燃烧热电联产系统流程图

图 5-11 所示为生物质气化热电联产系统流程图。生物质气化热电联产过程包括三个方面:一是生物质气化,把固体生物质转化为气体燃料;二是气体净化,气化出来的燃气一般带有一定的杂质,包括灰分、焦炭和焦油等,需经过净化系统把杂质除去,以保证燃气发电设备的正常运行;三是燃气发电供热,利用燃气轮机或燃气内燃机进行发电,联产的热均可通过汽轮机、燃气轮机或内燃机所排出的废热通过换热器提供。气化技术与直接燃烧技术相比,具有气体燃料用途广泛、适于处理不同类型的生物质原料以及低排放量的特点,是一项很有潜力的技术。一些研究成果表明气化热电联产与传统的燃煤热电联产经济性相同。

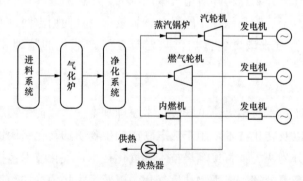

图 5-11　生物质气化热电联产系统流程图

(二)生物质供热的能耗及节能减排效益

直燃式的生物质锅炉、生物质热电联产项目,与燃煤锅炉、燃煤热电联产项目具有高度的相似性,因为他们都是固体燃料供热,差别仅仅在燃料的成分,生物质燃料的含硫量一般比较低,不会产生大量的二氧化硫,相关的能耗及节能量、二氧化碳及污染物排放量和减排量等可以参照前文燃煤锅炉、燃煤热电联产机组的计算方法。

生物质（尤其是农林生物质）虽然在燃烧的过程中产生了二氧化碳，但这些二氧化碳是从大气中吸收的，因此，从全生命周期的角度看，生物质供热是低碳甚至零碳的。

生物质气化后供热，与前文中燃气供热基本相同，可以参照前文中燃气锅炉供热、燃气-蒸汽联合循环供热的计算。

二、核能供热

（一）核能供热技术

核能供热主要有两种方式，一种是利用核电厂抽汽或余热供热，另一种是采用低温核反应堆的形式直接供热。一般核电产生主蒸汽参数低（约为300℃），热电转化效率低，乏汽热量未得到利用，大量的热量被浪费，一台1100MW核电机组余热量超过1700MW。核电供热后还有利于调和北方地区冬季热电比矛盾，通过热电协同等方式帮助电网灵活调峰，对于增强供电灵活性、提高能源利用效率有积极作用。

核电热电联产原理示意图如图5-12所示。

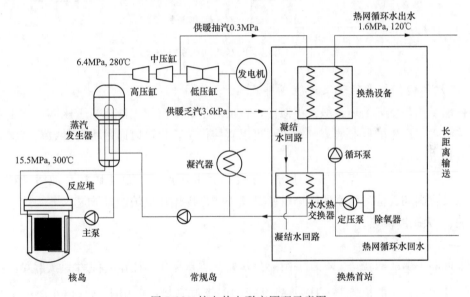

图5-12　核电热电联产原理示意图

我国北方地区城市供暖与城市用水需求之间存在地理上的相关性。环渤海、黄海、北京、天津、河北、辽宁、山东等地，清洁热源不足，同时面临缺水问题。核电水热同供技术在该地区具有较为广阔的应用前景，利用沿海核电厂在发电的同时用发电余热制备淡水，并在冬季制备热水，用单管输水输热，相比传统的长输供热管道，省去了回水管道，从而进一步降低了输送成本。在接近城市负荷区的首站可以通过换热方式把输送的淡水冷却到10～15℃，成为城市的淡水水源，而换出的热量则成为城市集中式供热热源。

水热同送的输送成本相比长输供热管网降低40%，在300km输送距离供热成本在60元/GJ左右，大约为天然气供热成本的一半（天然气价格按3.6元/m³），且具有巨大的节水、节能、减排效益，并可统筹解决我国北方地区缺水、缺热、沿海核电站综合利用等问题。如以胶东半岛为例，通过石岛湾核电、海阳核电、招远核电（筹建）可有效覆盖整个胶东半岛区域，实现无煤化供热，并通过水热同送满足此区域 40% 的淡水需求。第一阶段至 2035 年，该技术可尝试为距离海岸 150～200km 的城市供热。随着技术成熟度进一步提高，结合跨季节储热，该技术可为距离海岸 300km 的城市供热。

沿海电厂的水热同送系统原理图如图 5-13 所示。

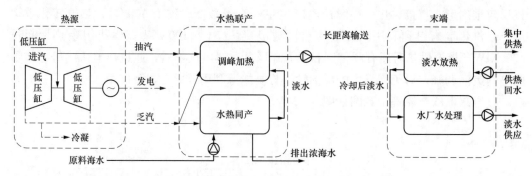

图 5-13 沿海电厂的水热同送系统原理图

（二）核能供热的能耗及节能减排效益

核能供热与燃煤供热有很大相似性，核反应堆和蒸汽发生器相当于核锅炉，主要用于加热给水，产生的低参数蒸汽和热水可以直接供热，也可以通过将高参数蒸汽输入蒸汽轮机热电联产。

核电供热不同于燃煤供热的地方，主要是其并不产生二氧化碳和其他污染物，因此，二氧化碳和其他污染物的减排量就是集中式燃煤供热锅炉的排放量。

三、太阳能供热

（一）太阳能供热技术

常见的太阳能产热技术包括太阳能集热器、光热光伏一体化（PVT）热电联产、光热等。其中，太阳能集热器、PVT 热电联产产生低温热，可用于供暖；光热产生高温热，但是占地面积大，位置偏僻，一般用于发电。

太阳能集热器是太阳能供热采暖系统中吸收太阳辐射并将所产生的热能传递给传热介质的装置，其性能和成本对整个系统运行的成败起着至关重要的作用。太阳能集热器性能的主要评价参数包括热性能、光学性能和力学性能。几种太阳能供热采暖系统用集热器的主要性能如表 5-4 所示。

表 5-4　　　　　　　　　几种太阳能供热采暖系统用集热器的主要性能

项目	平板太阳能集热器	全玻璃真空管太阳能集热器	U 形管全玻璃真空管集热器	热管式全玻璃真空管集热器
效率（%）	15	60	30	37
承压性能	承压	不承压	承压	承压

续表

项目	平板太阳能 集热器	全玻璃真空管 太阳能集热器	U形管全玻璃 真空管集热器	热管式全玻璃 真空管集热器
可靠性	易结冰	易破碎泄漏	易过热	可靠
管理	需配备专用设备补充 泄漏的防冻液	需更换	需配备专用设备补充 泄漏的防冻液	方便
系统成本	低	低	较高	较高

在热性能方面，平板集热器热损失较大，主要热损失来源于吸热板和透明盖板之间的空间存在着的空气对流换热损失，而减少这部分热损失的最有效措施是将其间的空气抽去，形成真空。但是，由于平板形状的普通透明盖板难以承受由于内部真空而造成的外部空气压力，并且由于方形透明盖板和外壳之间有很多的连接处，致使这一空间难以达到真空气密性要求。因此，平板集热器只能运行在60℃以下的工作温度，运行温度较高时集热效率将明显降低。而在冬季，环境温度较低，平板集热器的热损失更大，还面临被冻坏的危险。所以，平板集热器在寒冷地区不能全年运行，这也限制了平板集热器的应用范围。与平板集热器相比，真空集热管由于其结构和圆柱形状的原因，有利于采用真空保温。因此，其散热损失比平板集热器显著减小。真空集热管在60℃以上的工作温度下仍具有较高的热效率，即使在寒冷的冬季仍能集热。对于实际太阳能供热工程，水温与环境温度差值较小，因此平板集热器的热效率要高于真空管集热器。例如，在北京地区环境温度0℃时，平板集热器的效率高出真空管集热器约15%。主要原因是虽然平板集热器的保温性能劣于真空管集热器，但平板集热器有效采光面积要远大于真空管集热器。

太阳能集中式供热的集热介质可选择空气或液体。目前，大型太阳能集中式供热工程中多采用液体工质作为传热介质，其传热效率高、所需要的集热面积小，但需要解决防冻和过热问题。与液体工质的集热器相比，空气集热器的集热效率有损失、太阳能利用率低、需要的空间更大，但系统简单、加工方便、经济性具有优势，同时运行过程中也无需补充防冻液，可靠性增强，目前也有应用。

太阳能供热采暖系统一般需要蓄热系统，主要原因是太阳能能流密度低（不多于$1000W/m^2$），并且受到地理、昼夜和季节等规律性变化的影响以及阴晴云雨等随机因素的制约，太阳能能量随着时间和天气的变化呈现不稳定性和不连续性。为了保证太阳能供热采暖系统的稳定运行，就需要设置储热装置把太阳能先储存起来，在太阳能不足时再释放出来，以满足用能连续和稳定供应的需要。目前太阳能供热采暖系统的储热装置基本可分为五类：储热水箱、地下水池、土壤埋管、卵石堆和相变材料。短期储热太阳能供热采暖系统和跨季节储热太阳能供热采暖系统储热方式的选择与集热器工作介质、系统储热周期有关，如表5-5所示。

表 5-5　　　　　　太阳能供热采暖系统储热方式与匹配的工作介质和储热周期

太阳能供热采暖系统		储热水箱	地下水池	土壤埋管	卵石堆	相变材料
短期储热	液态工质集热器	√	—	—	—	√
	空气集热器	—	—	—	√	√
跨季节储热	液态工质集热器	—	√	√	—	—
	空气集热器	—	—	—	—	—

另外，欧洲工程实践表明，太阳能供热系统的单位面积集热器成本和储热水池的储热效率及单位体积成本均与系统的大小成正相关，也就是说，在一定规模内，太阳能热系统越大，其经济性越明显。另外，规模越大，必然需要更大的场地来铺设安装太阳能集热器，我国人口密度大、土地价格昂贵，如果把土地成本考虑在内，系统的投资回收期将达到 10 年以上。此外，如果想将太阳能保证率控制到 50% 以上，还需要兴建大型的跨季节储热设施。这类设施的建造和运营成本较高，将进一步拉长系统的投资回收期。因此，大型太阳能集中式供热项目更适合太阳能及土地资源丰富的西部和三北（西北、华北及东北）地区。

热水采暖系统除太阳能集热器和储热水箱之外，还需要较复杂的管路系统、补热系统（一般用电补热，运行成本会急剧升高）和防冻系统。采暖热负荷是生活热水负荷的 10 倍以上，要求较大的集热面积，投资较大。

我国太阳能集中式供热项目处于起步阶段，主要分布在西藏、内蒙古等太阳能资源较为丰富的地带。西藏浪卡子县大型太阳能集中式供热项目在运行期间实现了太阳能实际保证率达到 100%[16]，期间未启动应急热源，室内温度不低于 15℃，最高可达 20℃。与此同时，2019—2020 年实测得到单位供暖面积全年系统运行电耗均低于 $8kWh/m^2$，取得了良好运行效果和经济效果。

我国大部分地区具有良好的太阳能利用条件，北方、西部寒冷和严寒地区，年太阳辐射总量可达 $5000MJ/m^2$ 以上，尤以宁夏北部、甘肃北部、新疆东部、青海西部和西藏西部等地太阳能资源最为丰富，可满足住宅采暖、生活热水、甚至炊事等需求。太阳能建筑供热潜在需求量在 $10×10^8 m^2$ 以上（集热面积），是太阳能热水器保有量的 10 倍。

（二）太阳能供热的能耗及节能减排效益

与核能供热类似，太阳能供热也不产生二氧化碳和其他污染物，因此，二氧化碳和其他污染物的减排量就是集中式燃煤供热锅炉的排放量。

四、　地热能供热

（一）地热能供热技术

地热能是清洁的可再生能源，具有分布广、储量丰富、热流密度大、流量和温度等参数稳定的特点，且不受外界天气的影响，近年来在供热行业受到越来越多的关注。

21 世纪初期，我国开始在部分地区试点发展浅层土壤源热泵及地下水源热泵，而后逐步在全国范围推广。至今我国已成为世界最大地热能资源利用国，在浅层地热能以及水热型地热能资源直接利用量、供热面积、装机容量等方面均位居世界第一。根据"梯级利用，品位对口"原则，实现地热发电、建筑高效供热制冷、工农业生产和温泉沐浴的梯级利用，可大幅度提高地热能的转化与利用。

在地热能供热技术领域，可依照其所利用地热资源的不同分为三类：浅层地源热泵技术、水热型供热技术与中深层地埋管供热技术。

1. 浅层地源热泵技术

对于温度低于供热系统所需要温度的浅层地热能，不能直接利用，通常需设置热泵，组成地热能热泵利用系统，将地热能的温度进行一定的提高后可用于冬季供热。传统浅层地源热泵技术以浅层岩土体、地下水或地表水作为低位热源，通过付出少量的电能代价将无法直接利用的低品位热能转化为高品位热能，从而为建筑提供所需的冷、热负荷。根据地热能交换系统形式及所利用的低位热源不同，将浅层地源热泵系统分为地埋管地源热泵系统、地下水地源热泵系统及地表水地源热泵系统，行业内一般分别简称为土壤源热泵（ground-source heat pump）、地下水源热泵（ground-water heat pump）及地表水源热泵（surface water heat pump）。近年出现的以城市污水为热源的污水源热泵，原则上也可划分至广义浅层地源热泵范围内。

我国 31 个省会城市浅层地温调查结果显示浅层地热资源可开采量约为 4.67×10^8 t 标准煤，能源利用效率按 35% 计可提供能量约为 1.63×10^8 t 标准煤，是我国建筑物供暖制冷能源消耗的 1.42 倍，由此表明浅层地热能仍有较大开发潜力。

2. 水热型供热技术

地下热水是水热型地热资源的主要赋存形式，常按流体介质温度分为 3 类，如表 5-6 所示。水热型供热技术抽取中深层地下水并直接用于建筑供热，主要使用低温型水热资源。

表 5-6　　　　　　　　　　　水热型地热资源分类

分类	温度（℃）	流体形式	主要用途
低温型	25～40	温水	农业养殖、温室、洗浴
	40～60	温热水	建筑采暖、养殖、温室、康养
	60～90	热水	建筑采暖、洗浴
中温型	90～150	热水或水蒸气	烘干、发电、工业
高温型	≥150	水蒸气	发电

近年来，我国水热型供热技术高速发展，特别是在西北及华北平原部分地区，由于水热型地热资源禀赋优越，直接利用量不断增长。2017 年底，全国水热型地热能供暖面积已超过 1.5×10^8 m²，其中河北省雄县水热型供热面积达 450×10^4 m²，可满足县城 95% 的供热需求。为解决地热尾水排放温度高、资源利用率低的问题，供热方式采用基于板式换热器和热泵的梯级利用技术。在开采地热资源的同时对供暖的尾水实施了回灌，保护地热资源实现可持续开发，开创了我国地热能利用的"雄县模式"。至 2023 年，新增水热型地热供热面积约为 1×10^8 m²[17]。

地热能梯级供热利用示意图如图 5-14 所示。

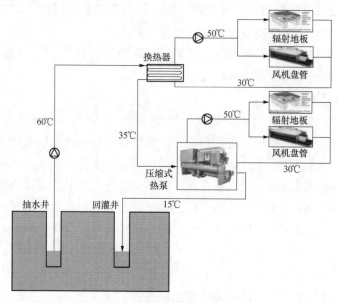

图 5-14　地热能梯级供热利用示意图

3. 中深层地埋管供热技术

中深层地埋管供热技术也称中深层地源热泵技术、中深层无干扰地热供热技术，是指布置深至地下 2～3km 的中深层地埋管换热器，通过换热器套管内部流动介质的闭式循环抽取深部岩土内赋存的热量，并进一步通过热泵提升能量品位为建筑供热的新型地热供热技术。中深层地埋管供热技术从地下"取热不取水"，避免了直接从地下抽取地下水资源，降低了地面因为抽水发生地质沉降的风险，是一种新型的地热资源利用模式。

中深层地热供热技术示意图如图 5-15 所示。

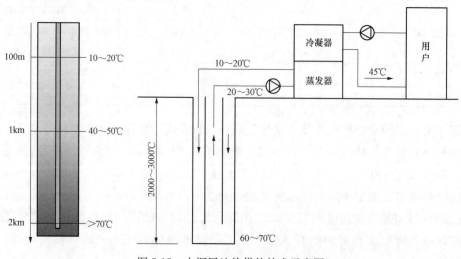

图 5-15　中深层地热供热技术示意图

该供暖技术热源侧采用封闭式换热器，以地下 2～3km 深的中深层地热能作为热泵的低温热源，对地下水资源无影响。地埋管纵深长，取热孔径小，对地下土壤岩石破坏小，可应用范围广。地热依靠地下深处传热恢复，不可供冷，热性能几乎不受地域限制。

该供热系统地面供水/回水温度为 20～30℃/10～20℃，整个采暖季系统 COP 约为 5（考虑热源和用户输配电耗），单井流量为 25～35t/h，功率为 250～350kW，投资 150 万～250 万元（井及套管，地质条件不同钻井成本不同）。采用中深层地热源热泵系统，夏季无需向土壤补热；如果地埋管间距在 20m 以上，经过一个供暖季取热，地下土壤平均温降小于 2℃，供暖季结束后 3～4 个月即可恢复。

2019 年，陕西省西咸新区沣西新城建成了全国最大规模中深层地热能无干扰清洁供热技术项目，可为我国西部科技创新港 $159×10^4m^2$ 的建筑供热、供冷、供生活热水。截至 2020 年底，在北京、陕西、上海、山西、安徽等多地开展 80 余项中深层地埋管供暖项目，总面积达 $1300×10^4m^2$，累计投资达 25 亿元[18]。

（二）地热能供热的能耗及节能减排效益

高品质的地热能资源可以直接抽取热水或蒸汽供热，这种条件下其能耗和节能减排效益与核能供热、太阳能供热类似。但相当部分的地热能开发需要依托于热泵技术。地热能供热主要从热源的角度出发，而集中式热泵供热则从供热设备的角度出发。在计算能耗和节能减排效益时，可以参照前文集中式热泵的算法，这里不再赘述。

第五节　工业余热供热

一、火力发电厂余热回收技术

回收火力发电厂余热常采用溴化锂吸收式热泵供热技术，该技术通过溴化锂吸收剂浓溶液的稀释放热和加热蒸发的特性，回收火力发电厂余热制取热水供热。针对湿冷机组和空冷机组，吸收式热泵供热技术方案有一定区别，图 5-16 所示为湿冷机组的吸收式热泵供热系统流程图，该系统由吸收式热泵、尖峰热网加热器、普通的换热器以及相应的供热管网和附件组成。来自汽轮机中低压缸连通管的抽汽驱动吸收式热泵，换热后产生的凝结水通过回收再次进入锅炉；汽轮机低压缸排汽通过凝汽器向循环水冷凝放热，循环水作为吸收式热泵的低温热源，进入吸收式热泵后加热一次网回水，循环水放热后返回汽轮机凝汽器吸热，周而复始进行放热吸热的循环；一次网回水在吸收式热泵内加热升温为中温热源，并根据热用户需求利用尖峰热网加热器进一步加热，成为一次网供水，一次网通过换热器将热量传递给二次网，最终输送给采暖用户。该技术实现了正逆耦合循环及热电联产机组的"梯级利用，温度对口"，使低品位的余热得以充分回收利用，减少了热量损失。在电厂实施后，对汽轮机低压缸影响较小，同时还兼具节能环保等优点。

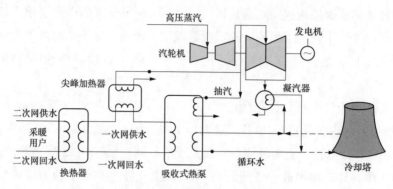

图 5-16　典型吸收式热泵供热系统流程图

二、 其他工业余热利用方法概述

我国工业能源消费量占全国能源消费总量的比例超过 2/3，但能源利用率低，至少 50％的工业能耗以各种形式的余热废弃。国家能源统计数据表明，工业部门能耗排名前五名的行业分别为石油炼焦及核燃料生产、化工材料及化工产品生产、非金属矿物制品生产、黑色金属冶炼及锻压、有色金属冶炼及锻压，五类工业部门占工业总能耗的2/3，其中的大半分布在北方地级城市，余热品位较高（但属低品位余热），具有较高的回收可行性。据有关估测，我国目前钢铁、有色、化工、炼油、建材五大行业在北方冬季排放的热量足以承担北方城镇一半以上建筑冬季供暖需求。如能用上 70％，也可以每年节约供暖用能 $1×10^8$ t 标准煤。因此，将现在没有得到充分利用的低品位热，用于冬季建筑采暖，不仅冬季几大高能耗产业能源热利用效率可以提高到 80％以上，还可以避免循环冷却水蒸发，获得巨大的节水效益。

工业余热用于供热基本不增加能耗，但工业烟气含尘和酸性气体，体积流量大，回收余热时容易出现酸腐蚀及设备体量过大、现场难以安装等问题。冷却循环水、洗涤水等工业循环水余热量大，品位低，水质差，回收余热时余热采集设备和管路可能发生磨损、堵塞或腐蚀，品位需要提升后才能用于供暖。

低品位工业余热供暖系统主要有两类：①利用特定换热设备回收较高温度热源（如高炉冲渣水）的热量；②利用电热泵、吸收式热泵等热功转换设备回收较低温度热源（如冷却循环水）的热量，提升温度后用于供暖。

回收不同工业类型、工艺流程，不同品位的余热，需进行方案设计和技术选择。以钢厂为例，低品位余热资源有高炉冷却循环水、高炉冲渣水等，降低热网回水温度成为系统设计的关键。通过低回水温度、梯级利用两部分热量，再利用厂内自备余热发电机组的高品位抽汽，作为驱动进一步回收循环水余热以及承担尖峰加热负荷。

钢铁厂余热供热方案 T-Q 图如图 5-17 所示。

工业区与小城镇城区一般在 5km 以内；大中城市一般在 10km 以上。工业余热回收后必须借助热网才能经济可靠地长距离输配给用户。降低热网回水温度，不仅有利于提高工业余热回收效率，也有利于热网的长距离输送。工业余热的间断性特点，要求与其他形式的热源（如热电联产、区域锅炉房）通过多热环网配合才能保证供热。因此，

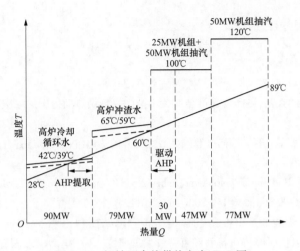

图 5-17　钢铁厂余热供热方案 *T-Q* 图

工业余热采集、整合、输配、调节等的关键在于将热源、热网、用户设计为一个整体，统筹优化，破解技术障碍，使更多的低品位工业余热更经济地输配出去，更安全可靠地为末端用户所用。

三、 工业余热供热的能耗及节能减排效益

与低品位地热能的情况类似，工业余热的开发往往需要依托于热泵技术，在计算能耗和节能减排效益时，可以参照前文集中式热泵的算法，这里不再赘述。

参 考 文 献

[1] 中国建筑节能协会清洁供热产业委员会.关于推广智慧供热助力碳达峰碳中和的政策措施.北京，2022.

[2] 申融容，玄婉玥，张健，等.面向电源侧灵活性提升的热电解耦技术综述 [J].中国能源，2021，43（05）：51-9.

[3] SOLUTIONS I E. Building Envelope and Fabric Load Tests performed on Apache Sim in accordance with ANSI/ASHRAE Standard 140-2007 [J]. 2011.

[4] 党慧敏.热泵耦合热电联产供热系统的特性分析 [D].华北电力大学，2014.

[5] 罗家松.北京市电供暖经济可行性和可持续发展研究 [J].电力需求侧管理，2019，21（02）：51-5.

[6] 全国勘察设计注册工程师公用设备专业管理委员会秘书处.全国勘察设计注册公用设备工程师动力专业执业资格考试教材.3版 [M].北京：机械工业出版社，2014.

[7] 贺平，孙刚，吴华新，等.供热工程.5版 [M].北京：中国建筑工业出版社，2021.

[8] 清华大学建筑节能研究中心.中国建筑节能年度发展研究报告2019 [M].北京：中国建筑工业出版社，2019.

[9] 罗家松，徐彤，王新雷.火电机组运行与调峰能力 [M].北京：中国电力出版社，2021.

[10] 中节能建筑节能有限公司，国网经济技术研究院有限公司，中国产业发展促进会.供热减碳路径及政策研究.北京，2023.

[11] 赵金龙，胡达清，单新宇，等.燃煤电厂超低排放技术综述 [J].电力与能源，2015，36（05）：701-8.

[12] 程厚德，曹宝辰.燃煤电厂超低排放技术现状及发展路线 [J].产业创新研究，2020，No.49（20）：129-30.

[13] 黄新元.电站锅炉运行与燃烧调整 [M].北京：中国电力出版社，2007.

[14] 张东.热电联产机组供热煤耗计算方法分析 [J].华电技术，2013，35（07）：44-6＋78.

[15] 吴欢欢，王海超，朱传芝，等.直接接触式烟气余热回收换热器研究及应用 [J].煤气与热力，2023，43（04）：15-21.

[16] 王敏，张昕宇，李博佳，等.西藏太阳能区域供暖技术应用探讨 [J].建筑科学，2022，38（10）：1-6＋14.

[17] 王沣浩，蔡皖龙，王铭，等.地热能供热技术研究现状及展望 [J].制冷学报，2021，42（01）：14-22.

[18] 徐伟，李建峰，魏庆芃，等.中深层地埋管地热热泵供暖关键技术研究与应用 [J].建设科技，2022，No.448（07）：45-7.